最真实地展现中小学生

心之向往的自然世界

首都绿化委员会办公室 主办

北京市园林绿化科学研究院 组编

中国农业出版社

北 京

图书在版编目（CIP）数据

自然观察笔记．第三届 / 北京市园林绿化科学研究院组编．— 北京：中国农业出版社，2023.5
ISBN 978-7-109-30613-4

Ⅰ．①自… Ⅱ．①北… Ⅲ．①野生动物－青少年读物②野生植物－青少年读物 Ⅳ．① Q95-49 ② Q94-49

中国国家版本馆 CIP 数据核字 (2023) 第 063819 号

中国农业出版社出版
地址：北京市朝阳区麦子店街 18 号楼
邮编：100125
责任编辑：郑　君
版式设计：王　晨　　责任校对：刘丽香
印刷：北京中科印刷有限公司
版次：2023 年 5 月第 1 版
印次：2023 年 5 月北京第 1 次印刷
发行：新华书店北京发行所
开本：889mm×1194mm　1/16
印张：11.75
字数：330 千字
定价：78.00 元

编 委 会

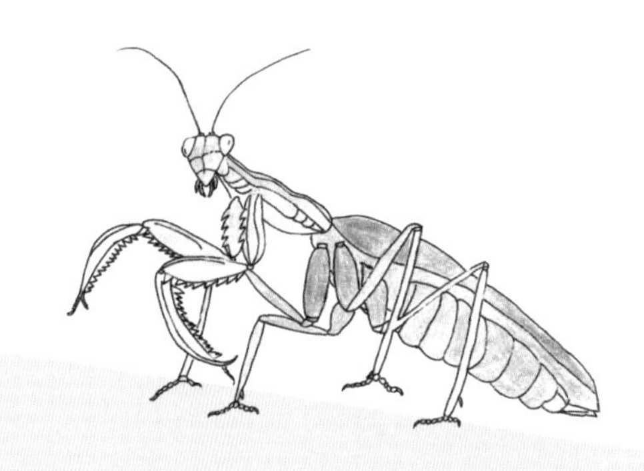

序

自然——给孩子最美的礼物

在物种缤纷的地球上，人们用各种方式来感受并表达对自然的热爱：诗人热情地赞颂大自然的美妙，画家从大自然中寻找灵感，科学家痴迷于大自然微观和宏观的演化……

首都绿化委员会办公室，以首都生态文明宣传教育基地、首都园艺驿站为依托，带领首都青少年儿童，走进自然，用自然笔记的形式展现对自然的观察与喜爱。春季的姹紫嫣红、夏季的虫鸣声声、秋季的色彩斑斓、冬季的银装素裹，在孩子们的作品中，展现得淋漓尽致。让我不禁感动，自然又终于回到了孩子们身边。

现在大多数的孩子，一出生就住在到处都是高楼大厦的城市里，每个孩子的家中都堆满了玩具、各种玩乐设施和手机 iPad 这样的现代化电子产品，似乎专门为儿童铸造了一个王国。殊不知，亲近自然，才是孩子的天性呀。驻足“钢筋丛林”，总能忆起儿时，光着脚丫子在田野上奔跑，卷起裤腿在池塘中摸鱼；低头在草丛中寻找蚂蚱，抬头看繁星满天；一块泥巴都能兴高采烈地玩上一个下午……反观现在的孩子，缺少了像我们一样在自然中玩耍的乐趣，总觉得他们的童年没有我们的那么自在，那么欢乐。

雷切尔·卡森说：“对我们来说，重返自然、回归大地是一件健康而且必要的事情，对大自然之美的沉思会让我们知道，为什么我们应该对大自然保持惊叹和谦逊。”

很高兴，现在许多家长开始重拾对自然的重视，渴望一方自由天地，让孩子尽情触摸自然。越来越多的家长知晓自然笔记的活动，并乐于让孩子参与其中。我们发现，当孩子们遇见一只喜鹊、观察一株蒲公英、对一张蜘蛛网发出的惊叹是多么的专注，当他们在草地奔跑，在冰上打出溜滑是多么的开心。

与自然相伴，让城市青少年的生活不再围绕手机、电视、电脑等电子产品，当他们学会驻足，听蝉鸣鸟语、观云卷云舒、看花开花落，孩子终于做回孩子，是我们送给孩子最美的礼物。

让我们从愿意保存那些孩子口袋里的石子儿开始……[1]

①编者注：为了保持作品原貌，我们对收录作品中的瑕疵未进行过度处理。

自然观察笔记创作原则

自然观察笔记是我们亲近大自然和记录大自然的一种方式。我们生活在大自然之中，每个孩子对自然都拥有同样的向往和渴望，只要仔细观察，它存在于我们生活学习的街道、小区、学校之中，更不要说市中心以及远郊的公园和原始森林。仅仅在北京城区能够看到的动物、植物、鸟类及昆虫就数不胜数，完全可以满足我们完成丰富的自然观察笔记记录的需要。

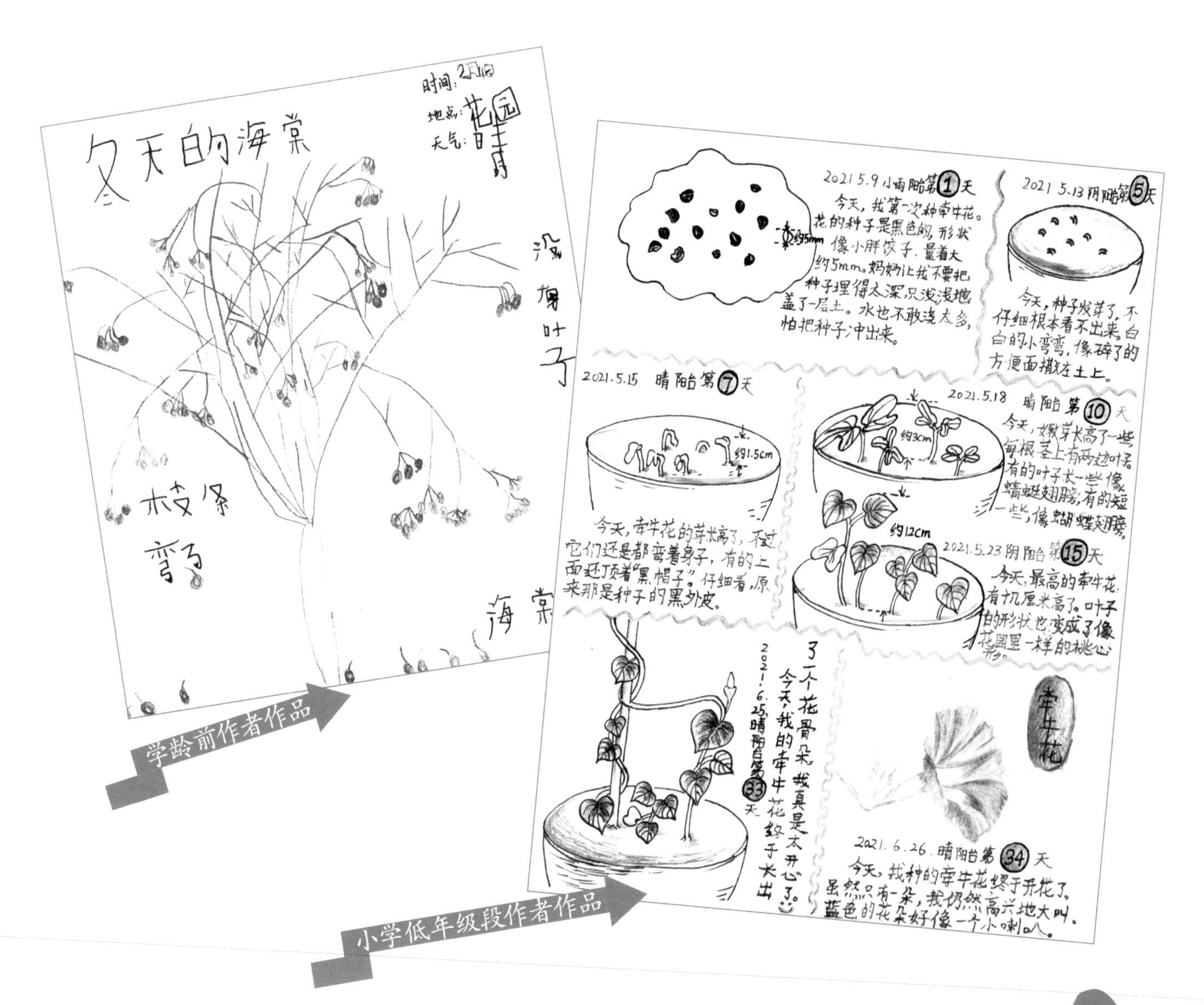

学龄前作者作品

小学低年级段作者作品

小学高年级段作者作品

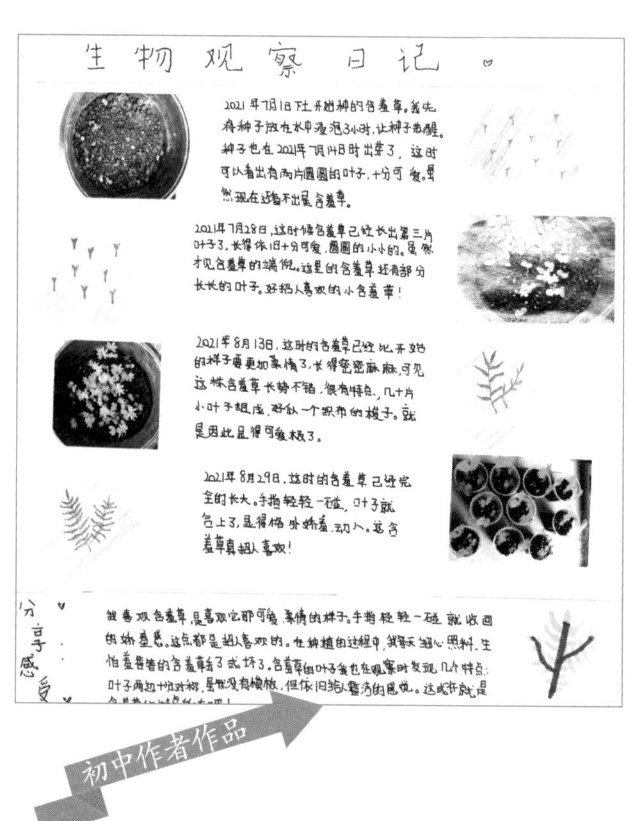

初中作者作品

自然观察笔记对记录者的年龄、阅历、知识水平、表达技巧等条件要求不高。只要你真心友好地热爱大自然，那它就欢迎你。自然观察笔记没有严格意义上的评价和执行标准，它的表现形式是主观且个性化的。如果不考虑特定的目的，只是为了自主地观察记录，那么你的自然观察笔记完全可以按照自己的记录习惯来进行观察、记录。

自然观察笔记，简单地来说就是人们对自然界物种及景观的记录。植物、动物、彩虹、朝霞……自然界中让我们产生好奇或者感觉美好的事物都可以成为被记录的对象。创作自然观察笔记没有记录载体和对象的限制，可以捡拾和收集标本，也可以用纸笔书写和绘画。同时，还可以借助专业设备去拍摄记录。

绘画＋文字

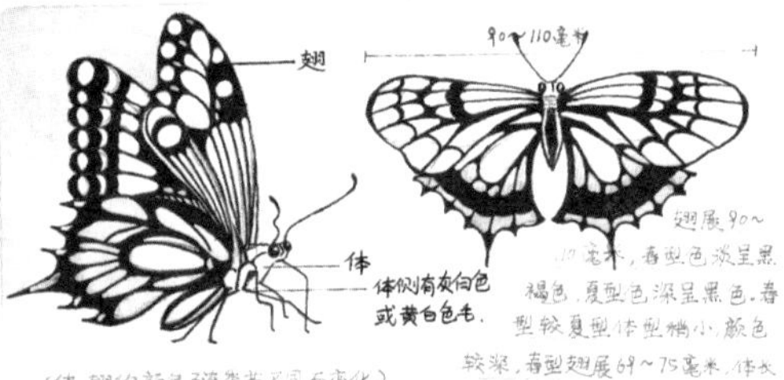

照片＋文字

实物＋文字

创新形式

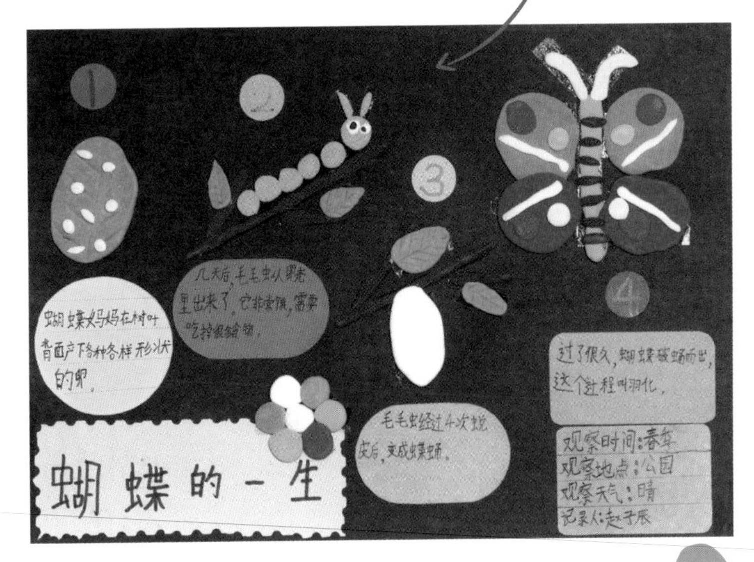

对于有兴趣的人来讲，只要自然界的事物能够引发好奇心及观察记录的兴趣，都可以进行观察及记录。作品的呈现并不追求在表现形式上的高超技艺。单一的优秀摄影作品或者绘画作品，如果不能结合文字充分说明笔记本身想要传达的知识和情感，也是不符合要求的，无疑是一种遗憾。换而言之，创作者在创作作品的过程中着重注意的是认真详实的体验、观察，并且用与之年龄相符的能够实现的表现技法呈现作品，哪怕作者字体表现不够工整、画面表现不够成熟，都有可能成为一幅合格甚至是优秀的自然观察笔记作品。

自然观察笔记的创作重点在于观察和记录自然，目的是让大家能够走进自然，享受自然、热爱自然。我们希望通过此类活动能够真正地促进青少年关注并走进大自然，完成对自然物种及现象的观察、认知知识的查阅及记录。

目录

植物类

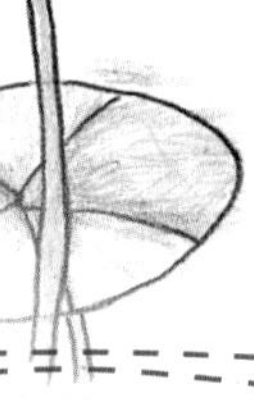

农作物类

昆虫类

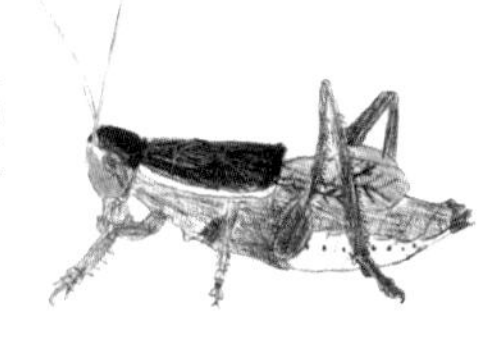

鸟类

其他

专家自然笔记

自然笔记大家说

植物类

记我种的第一盆牵牛花

◎ 王梓涵

2021.5.9 小雨 阳台 第①天

今天，我第一次种牵牛花。花的种子是黑色的，形状像小胖饺子，量着大约5mm。妈妈让我不要把种子埋得太深，只浅浅地盖了一层土。水也不敢浇太多，怕把种子冲出来。

2021.5.13 阴 阳台 第⑤天

今天，种子发芽了。不仔细根本看不出来。白白的小弯弯，像碎了的方便面撒在土上。

2021.5.15 晴 阳台 第⑦天

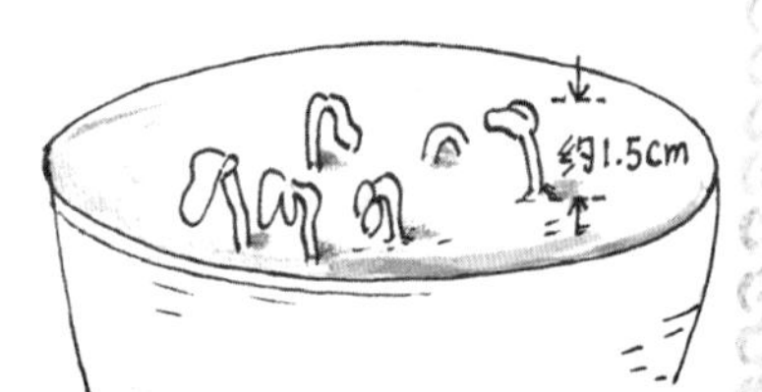

今天，牵牛花的芽长高了，不过它们还是都弯着身子，有的上面还顶着“黑帽子”。仔细看，原来那是种子的黑外皮。

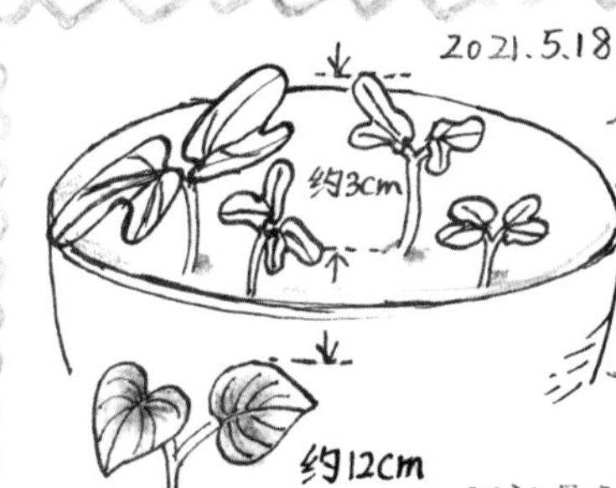

2021.5.18 晴 阳台 第⑩天

今天，嫩芽长高了一些，每根茎上有两片叶子。有的叶子长一些，像蜻蜓翅膀；有的短一些，像蝴蝶翅膀。

约12cm

2021.5.23 阴 阳台 第⑮天

今天，最高的牵牛花有11厘米高了。叶子的形状也变成了像花园里一样的桃心形。

2021.6.25 晴 阳台 第㉝天

今天，我的牵牛花终于长出了一个花骨朵，我真是太开心了。

牵牛花

2021.6.26 晴 阳台 第㉞天

今天，我种的牵牛花终于开花了。虽然只有一朵，我仍然高兴地大叫。蓝色的花朵好像一个小喇叭。

名师点评

作者完整记录了自己播种牵牛花的过程，提供了大量细节：播种的覆土厚度较薄，浇水要小心翼翼；出芽时细小的嫩芽为白色等，内容详细具体。这是自然观察笔记中最有价值的内容之一。此外，作者记录了种植的天气情况，是很好的科学记录习惯。作者的绘图基础扎实，图文结合紧密，特别是将株高等数据标注在图片上，符合实地观察特点。

地锦——植物中的攀爬高手

◎ 常雅茜

时间：2021年10月17日
地点：北京南海子麋鹿苑
天气：晴朗大风
记录人：常雅茜

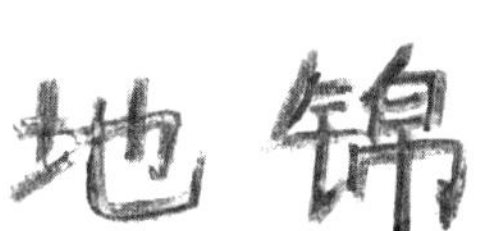

——植物中的攀爬高手

地锦善于攀爬，也被叫做"爬山虎"。它有像"脚"一样的茎卷须。

"脚"在没有碰到攀爬物时，一条条细丝像蜗牛的触角。跟墙壁接触后，末端就会膨大变成吸盘一样，牢牢抓住，攀爬生长。

果实

地锦在秋天会结出一一串串紫色的果实。果肉很薄味道又苦又涩

爬山虎的脚

形态不同的叶子

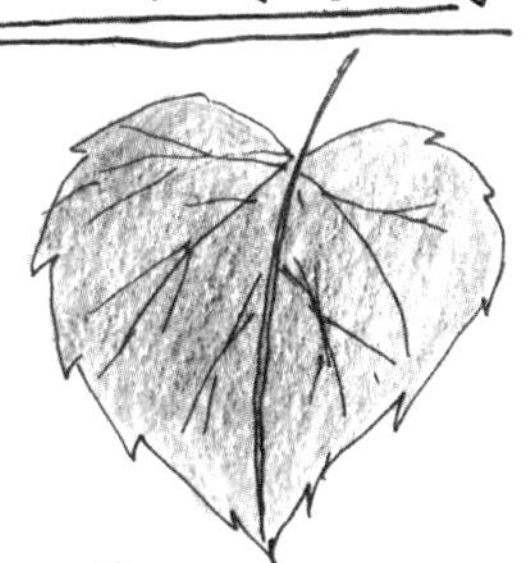

在生长旺盛，较长的枝条上生长的往往是没有裂的叶子。

在较老的短枝上生长的是三裂的叶片。

麋鹿苑还有另一种爬山虎，它的一片掌状复叶上有五片小叶，所以被叫做"五叶地锦"。

名师点评

作者细致观察麋鹿苑中的爬山虎，还对比了五叶地锦，观察细致认真。在细节方面，作者重点指出了爬山虎的果实、卷须，并指出卷须在攀援过程中的变化；爬山虎的叶片，甚至观察到其叶形在不同生长状况下的不同，如此细腻的观察，很少有人能做到。如果作者再能介绍一下自己的观察过程以及观察方法，就更加精彩了。作者的文字条理清晰，图文结合紧密，版面设计合理，再加入一些关于爬山虎的生态效益，在园林中的作用及生长环境，以及与其他植物的关系的观察，则更加全面。

夜晚睡觉的植物

◎ 孟想

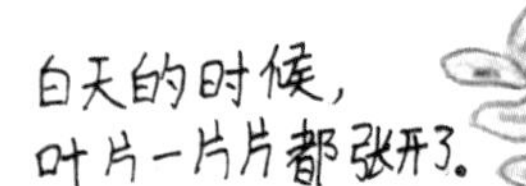

洋槐树：

在夜晚或者阴天的时候，叶子向下耷拉着。

夜晚睡觉的植物

2021年7月11日

晴转雷阵雨 23～32℃

地点：南馆公园

我去楼下公园玩的时候，发现有些植物的叶子或者花，在白天和晚上，晴天和阴天的时候，形态各不相同。真是神奇呀！原来植物也会睡觉。

记录人：孟想

合欢树

白天的时候，叶子会伸展开来

晚上，叶子紧紧缩了起来，看不到缝隙，就像两只手握在一起，叠得整整齐齐。

睡莲

太阳出来花瓣慢慢地展开

太阳落山，花瓣合拢进入了梦乡。

酢浆草：

白天，叶子一片片全都舒展开。

晚上或阴天叶子像雨伞一样向下收起。

为什么这些植物晚上会睡觉呢？我查找了资料，原来它们这样做可以减少水分和热量挥发的速度。能够保护自己。这些植物真是聪明。

名师点评

作者抓住植物夜晚“睡觉”这一有趣的主体，找到四种代表性植物进行观察，对这一现象进行了初步归纳、简单分析。所选观察植物具有典型性，其观察细致准确，具有科学性。仔细阅读作者的文字，会发现作者使用了比喻、拟人等多种修辞。作者绘图功底较好，图文结合比较清楚，但由于该作品涉及内容较多，也略显拥挤，再精简设计，效果更加。

扫码看视频

从种子到花朵自然笔记

◎ 徐子衿

从 种子 到 花朵 自然笔记

时间：2021年8月9日～11月2日

地点：家里阳台

记录人：徐子衿

11月2日

每天观察，我盼望的长春花盛开了。娇艳的花朵就像一张美丽的笑脸。

感悟 盛开的花朵很美丽，养育她们的过程却不轻松。通过这次养花的过程，每天坚持观察记录，锻炼了我的细心和耐心，让我明白要想有收获，必须坚持努力。同时，我也感受到了大自然的奇妙！以后要更加爱护自然，敬畏自然！

11月1日

晚上我忍不住来阳台看小花，就看见一朵朵像风车一样，将要盛开的花朵。

10月30日

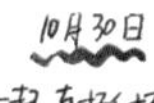

粉红的花瓣紧紧地抱在一起，直挺挺地从枝叶里伸出来，像一把粉嫩嫩的小锤子。我好期待她盛开的样子啊！

10月20日

眼看着小花长出花苞啦，在阳光的照射下，看起来水嫩嫩的。

9月25日

三棵小花儿已经长满了整个花盆，她们现在有12片叶子，高4.5厘米，叶子油绿绿的，生机勃勃的样子。

9月5日

小花在一点点变粗壮，而且根茎底部的颜色也变化了，此时是淡淡的棕黄色。她已经超过2厘米高了。

8月26日

我发现长春花的叶子是“成对儿”长出来的。从两片直接长到四片，这可真神奇呀！她们的茎也长粗了不少，经过这几天，个子已经长到约1.5厘米了。同时，我也发现，她们和我一样爱喝水，每隔一天就要给她们浇一次水。

8月19日

钻出土的小叶片眼看着长大，颜色也由开始的黄绿色变成了鲜绿色。个子也长高了，我用尺子量了一下，高约1.2厘米。

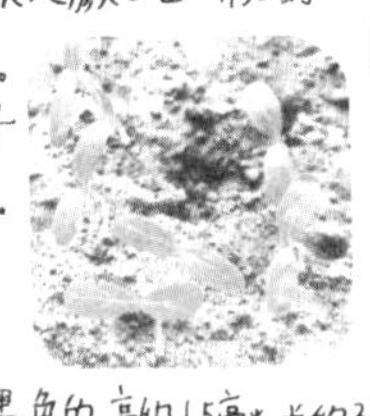

8月14日

种子发芽啦，有的顶着黑色的壳从土里钻出来，有的壳已经脱掉了，露出了鲜嫩的小叶片，有的还弯着腰呢。

8月9日

长春花的种子是黑色的，高约1.5毫米，长约3.0毫米，与黑芝麻大小差不多。我选了干湿合宜的土放入花盆，再把种子埋进土里，大约深1.5厘米，然后就等着发芽了。

名师点评

作者详细介绍了自己播种培育长春花的过程，内容详尽具体。仔细阅读作者的文字，可以发现大量细节，如作者用尺子丈量幼苗的高度，以及根茎基部颜色的变化，等等，这是亲自种植才能获得的细节。此外，作者对长春花幼苗成长的记录也较为详实，时间节点的划分符合自己种植的规律。本笔记的版面设计较为巧妙，将照片合理穿插，与文字镶嵌布局，可见作者用了心思。但从下至上、左右交替的布局，还可以再增加一些提示箭头，以便作者更加清楚易读。

山桃自然笔记

◎ 赵子涵

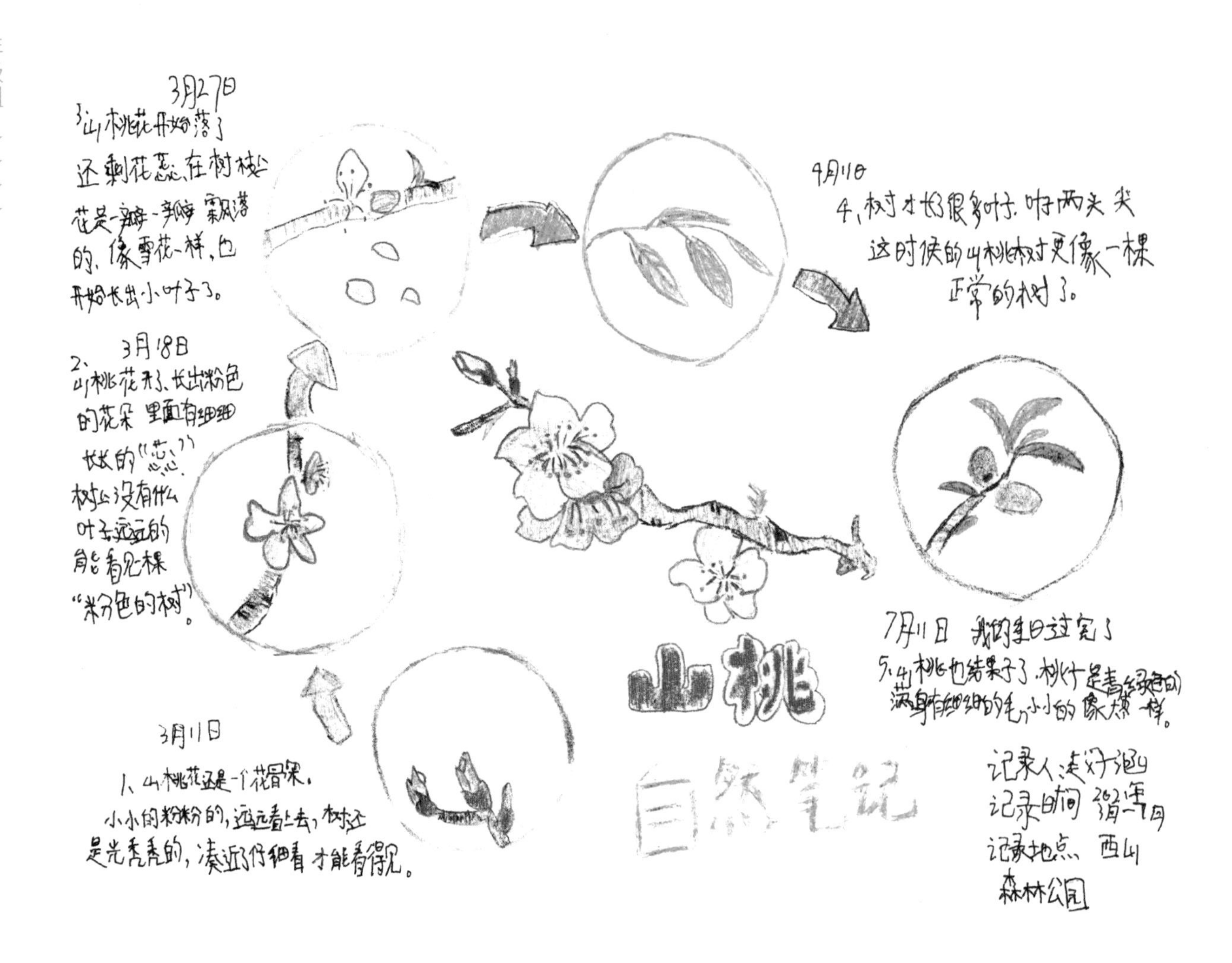

名师点评

作者记录了观察山桃的过程，时间跨度长达数月，完成了一个相对完整的观察周期，值得赞许。作者记录了几个重要的时间节点，即山桃的典型物候变化时间，颇具价值——如果作者能再记录周围植物与环境的变化，则效果更好，比如：山桃花开时，其他植物的开花、展叶情况；山桃果长成时，周围环境的变化等，这样的观察效果更好。作者的绘图与版面设计能力较好，文字简洁且富有自己的情感。

扫码看视频

植物妈妈有办法

◎ 张力阳

名师点评

作者围绕植物种子的传播智慧，进行了专题调查描述，用一个富有感染力的主线，串联起内容，思路很好。对鬼针草的观察尤其细致，首先标注天气情况，其次拍摄鬼针草黏附在身上的照片，还借助显微镜观察鬼针草的微观结构，并拍摄照片。在描述中引用《本草纲目》的论述，妥帖自然，为作品增色不少。鬼针草外的几种植物，作者也进行了准确的描述，下半段的图文编排还可以再进行优化。

扫码看视频

紫茉莉

◎ 朱辰曦

名师点评

作者对北京常见植物紫茉莉，进行了详细观察与记录。从图片来看，作者进行了细致的解剖，并结合背景资料，观察并拍摄，具有严肃的科学精神，值得赞赏。作者观察到大量细节：如茎节膨大，花朵的不同形态，果实的变化等，细致而严谨。以照片为主，图文结合，符合作者的自然笔记主题，如果能把版面设计得更加清晰、简洁，并设定一条明确的主线则效果更好。

扫码看视频

头状穗莎草

◎ 蔡依桐

名师点评

作者观察一种既常见又独特的植物：头状穗莎草，给出了具体的发现、观察、查阅过程，并提供了较完整的背景资料，共同组成了一篇较详实的自然笔记。客观说，本种植物的鉴定对中小学生具有一定难度，作者能完成实属不易，其过程中的收获与困难，若能再详细地介绍，则会更加充实生动。作者绘图能力较好，对细节展示充分，尤其是果穗数据与绘图结合，值得赞赏。用放大镜图案，展示背景资料，也颇具匠心。

国槐落英缤纷时

◎ 夏畹滕

国槐落英缤纷时

观察时间:2021年5月—8月
观察地点:西长安街
天气:晴
观察者:夏畹滕

蝶形花科
槐属

5—6月时叶子茂盛，小叶子对称生长，似卵状长圆形前端略尖，偶有变黄落叶。

7月国槐繁花似锦。未开的花像茄子形状，盛开的花花瓣较为卷曲，花丝细长，呈黄绿色。花瓣为淡黄或白色，成串地开在枝头。下旬时，落英缤纷美不胜收。

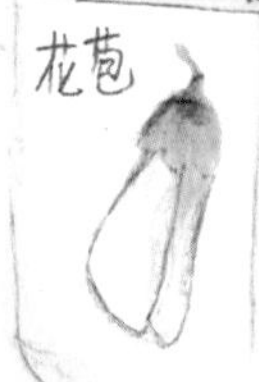

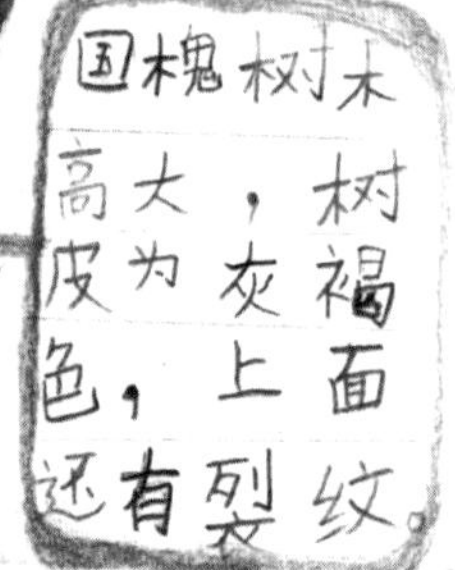

国槐树木

高大，树皮为灰褐色，上面还有裂纹。

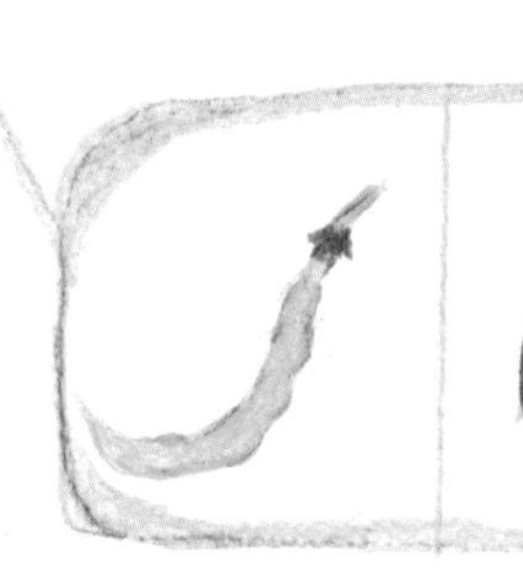

8月花落后的枝头出现细长且弯曲的绿色种荚，剥开种荚，里面是椭圆形绿色的种子。

在西长安街两旁有很多高大的国槐树，我每天放学都会路过这里，看到国槐从发芽到长叶，从开花到结种，经历四季的变化，我觉得大自然真神奇，我把这神奇的变化过程记录下来。我觉得只有细心观察，才能发现大自然的美好。

名师点评

小作者通过自己认认真真的观察，记录了一棵槐树四季的变化，作品中详细记录从花苞到落花的完整过程，并对植物不同时期的形态特征进行描绘。这样一次观察不仅帮助自己从植物四季变化感受物候的变化，也通过自然笔记的方式与植物和自然产生了情感的连接。如果能对植物形态基础知识加深学习，更加精准地进行专业词汇描述会使作品增色不少。

我的自然笔记

◎ 孟卓锦

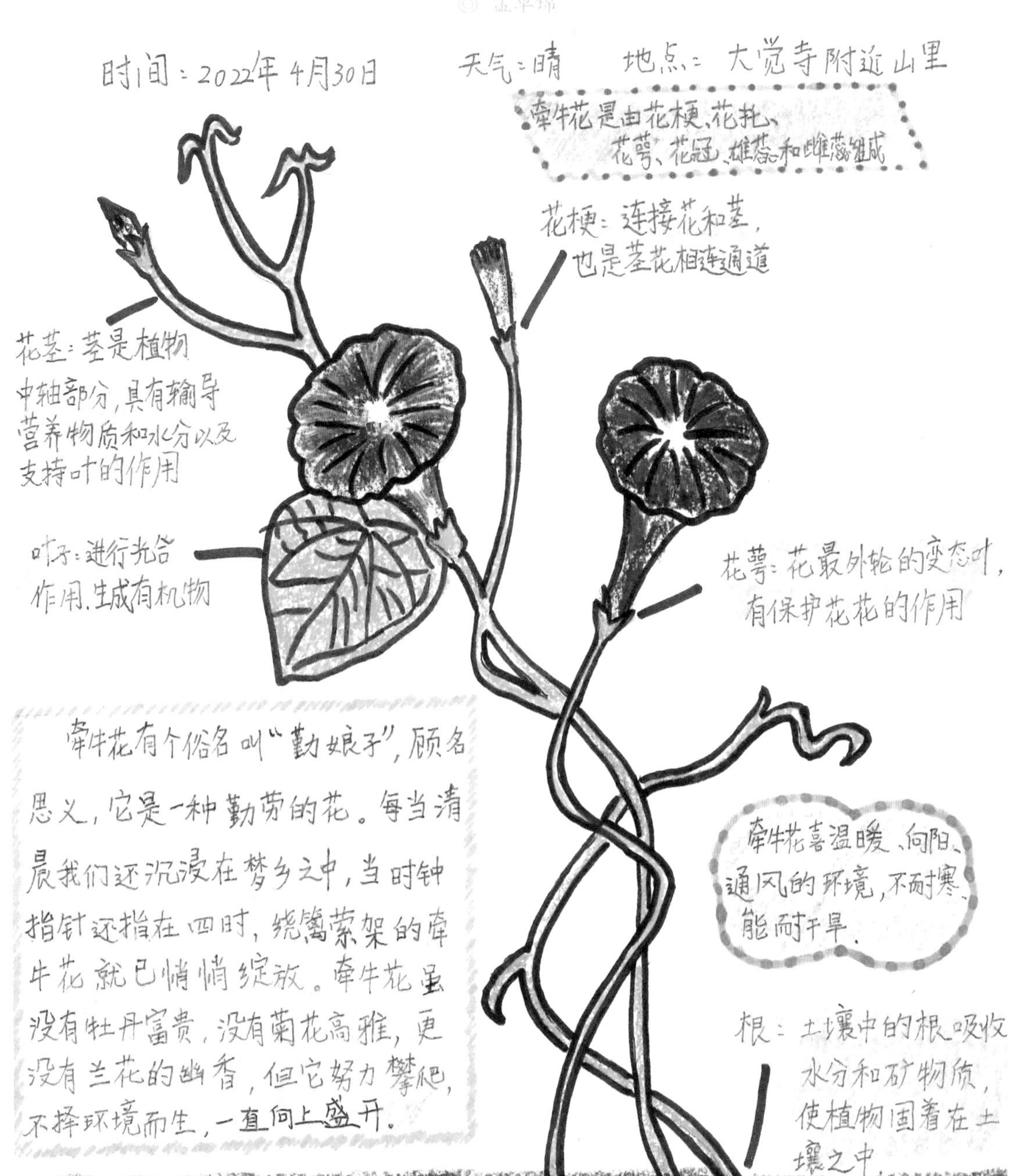

名师点评

作者观察表现的是北京常见物种——牵牛，同时对所观察记录的物种进行深入了解，了解过后将牵牛与其他植物进行了比较，表达了自己的见解，可以引发读者一起对自然中的各种植物进行了解、思考。在牵牛这种植物的表达上查阅资料了解各结构的作用，对相关知识进行了学习，这是自然笔记其中一种意义所在。如果对牵牛这种植物的整体细节及用色上更为认真观察、详细刻画，会是一幅更具科学性的作品。

自然笔记——槭叶铁线莲

◎ 程美瑄

槭叶铁线莲

自然笔记

介绍：属小灌木植物 茎无毛 分枝枝无纵沟 单叶 无毛 叶厚纸质 五角形花与叶自顶．茎生出

瘦果窄卵圆形，被柔毛

羽毛状；花期4-5月

槭叶铁线莲目前只产于北京．耐寒．喜光．冷凉．忌高温

时间：2022年4月28日 天气：晴

地点：百花山

槭叶铁线莲最早发现于北京．是1897年由俄国植物学家马克西莫维奇发现的物种．

茎无毛 分枝

高30-60cm．除心皮外其余无毛．

叶为单叶．无毛叶厚纸质，与花簇生叶片五角形．长3-7.5cm．宽3.5-8cm．

槭叶铁线莲是典型的崖壁植物．花朵大而美丽．花期很早．且分布地点独特．是罕有极为珍稀的观赏植物．

名师点评

作者对槭叶铁线莲进行了较为详细的观察介绍，对槭叶铁线莲的各结构进行了数据测量，符合自然笔记科学绘画的严谨性。与此同时作者追溯历史，对物种的发现进行说明，便于读者了解相应知识信息。如果能将物种的细节描画得更为精准，特别是与科学观察记录相关的细节，例如叶的叶脉以及花蕊的呈现，这幅作品将更具严谨性。在作品中如果能加入在观察时作者对自然观察过程的感知、感受、感想，将更有助于读者完整地理解作品。

扫码看视频

天然香水百合花

◎ 吴门一茗

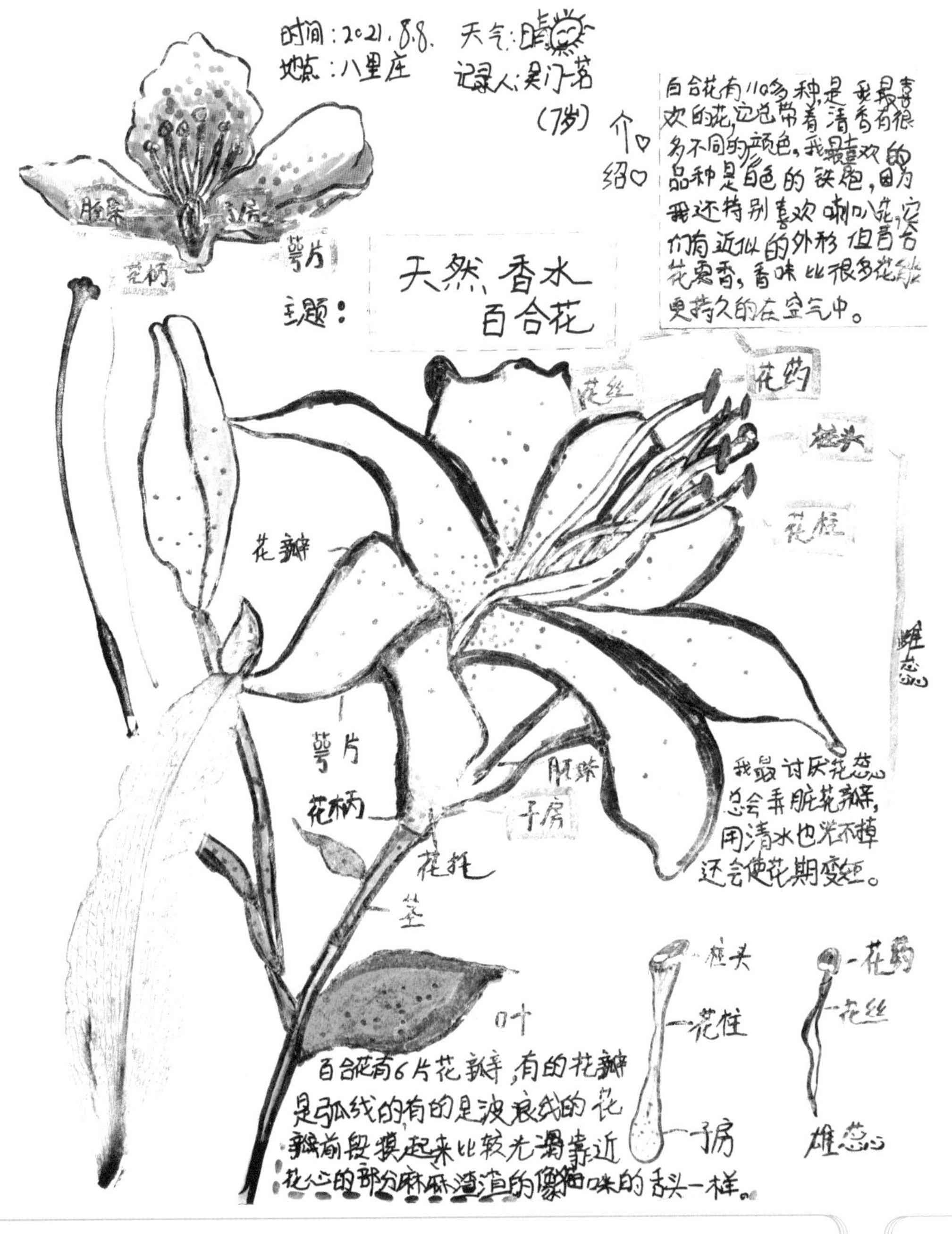

名师点评

作者对百合花的结构，进行了初步的解剖观察，这种从一朵花的微观结构开始认知世界的思路，值得学习。作者的观察比较细致，比如注意到百合花瓣基部的粗糙，以及百合花粉较多，会弄脏衣服等情况，可见作者的观察身体力行。如果能介绍一下自己观察、解剖百合花的过程，则更好。作者绘制了较精确的百合花解剖图，对各部位均给出了科学的名称，可见进行了较扎实的学习与了解，部分表述可以更加精确，比如“我喜欢喇叭花”，喇叭花应给出学名。

盆栽向日葵

◎ 辛昱辰

时间：2021、6、26~2021、8、20
地点：阳台

1、6月26日在花盆中点播向日葵种子。

2、7月1日向日葵长出了两片子叶。
3、7月4日向日葵长出了第一对真叶。

4、7月18日向日葵长出了三片真叶。

5、向日葵长啊长，8月20日它终于开花了！它向我张开了笑脸。

盆栽向日葵

名师点评

作者完整记录播种向日葵的过程，选择记录每一个重要的时间节点，如真叶展开、子叶展开、花期等，具有一定的科学素质。作者的观察比较细致，且具备一定自然知识，观察有的放矢，但对向日葵本身的观察，例如叶片的绒毛、葵花的向日性等，还有待进一步细化。如果能再多记录一些自己种植过程中的细节，如浇水、施肥、摆放位置，光照情况等，则更加详细。利用照片记录，清晰详实，与文字排版配合较为合理，整体版面的信息流比较顺畅。作者在文字中流露出喜悦与期待，颇具诗意；如果能加入一些对环境、植物与人的思考，则更加优秀。

奶浆藤

◎ 王天怿

奶浆藤

时间：2021.8.20
地点：小区
天气：晴
记录人：王天怿

今天，我带大家认识一种植物，它的花朵长得像海星。它叫奶浆藤，又叫萝藦、牛角蔓。它们喜欢像牵牛花一样，缠绕在一些树枝或者石壁上。折断它们的茎，里面会流出白色的汁液，如果沾在身上，很难去除。所以各位如果见到它们，还是不要轻易去招惹它们！

它的果实跟苦瓜很像，但苦瓜大，前面是圆的，而它的果实小，前面是尖的。

果实成熟后会裂开成两瓣，种子上有一些长长的白色毛发，风一吹，就能把种子带到很远的地方。

奶浆藤全株可药用。

名师点评

作者观察到一种北京常见又常被人忽视的植物：萝藦，并抓住了萝藦的两个主要特点：一是体内富含白色乳汁；二是果实宛若牛角。从文字描述看，作者的观察比较细致，文字简洁清楚，绘图美观清晰，描述萝藦果实时，与苦瓜进行对比阐述，形象又贴切。如果能加入自己观察、解剖萝藦的更多细节，比如自己在何处发现萝藦，又是如何查到它的名字，在哪个季节找到它的果实，这些能让自然笔记更加详实具体。

油松

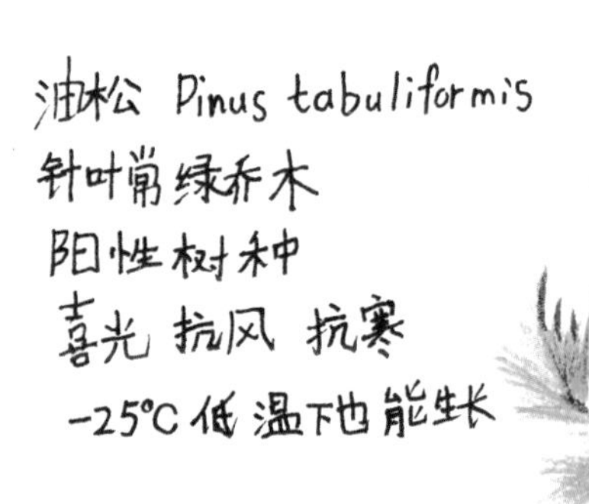

种鳞

松果不是松树的果实
而是保护种子的种鳞
生长的松果
种鳞是紧密包裹在一起的

针叶为2根针一束
深绿色
又粗又硬

成熟且干燥的松果
种鳞是张开的

树皮为灰褐色或红褐色
裂成不规则鳞状块片

种子

种子生长在种鳞上
非常小，带有膜质翅膀
容易被风吹走

观察地点：太平郊野公园
观察时间：2021年12月26日
观察天气：晴 0°C
观察人员：徐紫珺

冷知识：
张开的松果在水中浸泡会合拢，因为松果为木纤维组成，吸收水分后，内层纤维膨胀，松果就合拢了。

名师点评

作者详细观察介绍了北京常见植物：油松。从描述上看，作者观察细致，如指出针叶为两针一束，并指出球果、种鳞、种子的准确概念。作者还提供一个“冷知识”，颇具价值。获取如此之多的内容与细节，作者可以将自己的观察过程分享给大家，可以使自然笔记更加充实具体，比如：如何在球果开裂前，找到油松的种子；球果开裂后，油松的种子去哪里了？作者的绘图细致，图文结合好，版面设计合理。

扫码看视频

自然笔记——观察银杏

◎ 孙欣悦

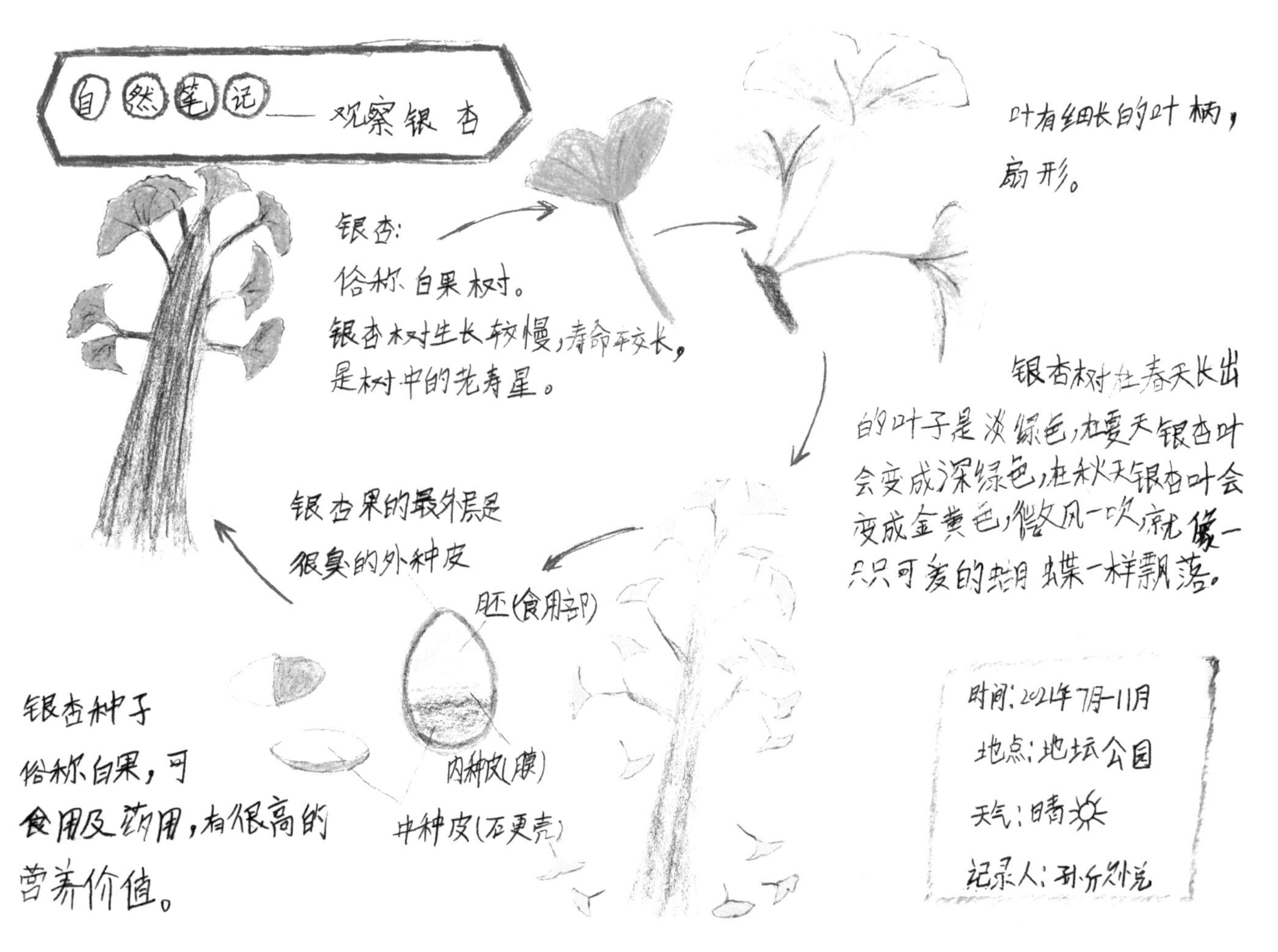

名师点评

作者较详尽地介绍了银杏，其中对银杏果实的介绍尤其完备，指出其外、中、内种皮的区别，以及人们常闻到的银杏果臭味的来源。对银杏叶变色的观察介绍也较详细。如果能再介绍一些观察的过程和具体的操作方法则更好，比如解剖银杏果，发现果实结构的过程。作者绘图略显简单，如以一条更加明确的主线贯穿整体，效果更佳。

扫码看视频

茶梅

◎ 霍奕辰

时间：2021年12月26日
地点：花卉温室
天气：晴朗

茶梅

茶梅，是山茶科、山茶属小乔木。它叶似茶，花如梅而得名。体态秀丽、叶形雅致、花色艳丽，花期为11月初至第二年3月。

叶椭圆形，长3—5厘米，宽2—3厘米，边缘有细锯齿。花直径4—7厘米，花瓣6—7片。

茶梅作为一种优良的花灌木，在园林绿化中有广阔的发展前景。

百花丛中
凛然开放着茶梅
陶醉其中
春不远了

名师点评

作者简要介绍了冬季开花植物：茶梅，提供了较详细的论述，图文结合。如果能再加入自己的观察过程，如观察时间，有哪些独有的特征等，会更好。在版面中，作者穿插了一些随心感悟“……陶醉其中，春不远了”，富有感染力。作品图文结合、简单清晰，绘图功底较好，如果将背景资料如“叶长3～5厘米”等信息，标注到图片上，图文结合则更好。

扫码看视频

莲变变变

◎ 喻文棠

一（5）班
喻文棠

时间：2021年7月
地点：柳荫公园
天气：晴
物种：莲

池táng里有又大又圆的莲叶，měi丽的莲花，可ài的莲péng。我zhī dào hái有ǒu宝宝在yū泥里duǒ猫猫。莲的宝贝可真多啊！

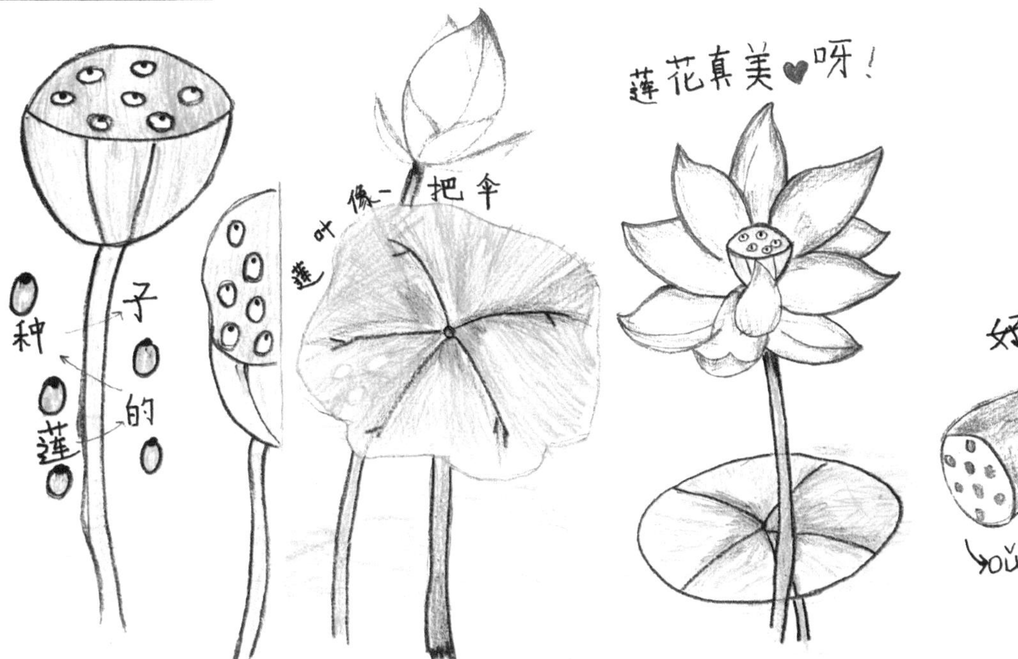

名师点评

作者记录自己观察、了解荷花的过程，把实地观察与自己了解到的知识结合起来，内容较为详细充实。如果再聚焦观察一点，例如荷叶、荷花、莲蓬、荷花生长的环境，则能获得更加具体细致且独到的观察结果。此外，年龄较小的同学，可尽量选择远离水边，观察陆生植物，既避免了危险，又能让自己更加靠近观察对象，获得更丰富的观察结果。

我的自然观察

◎ 邱怡然

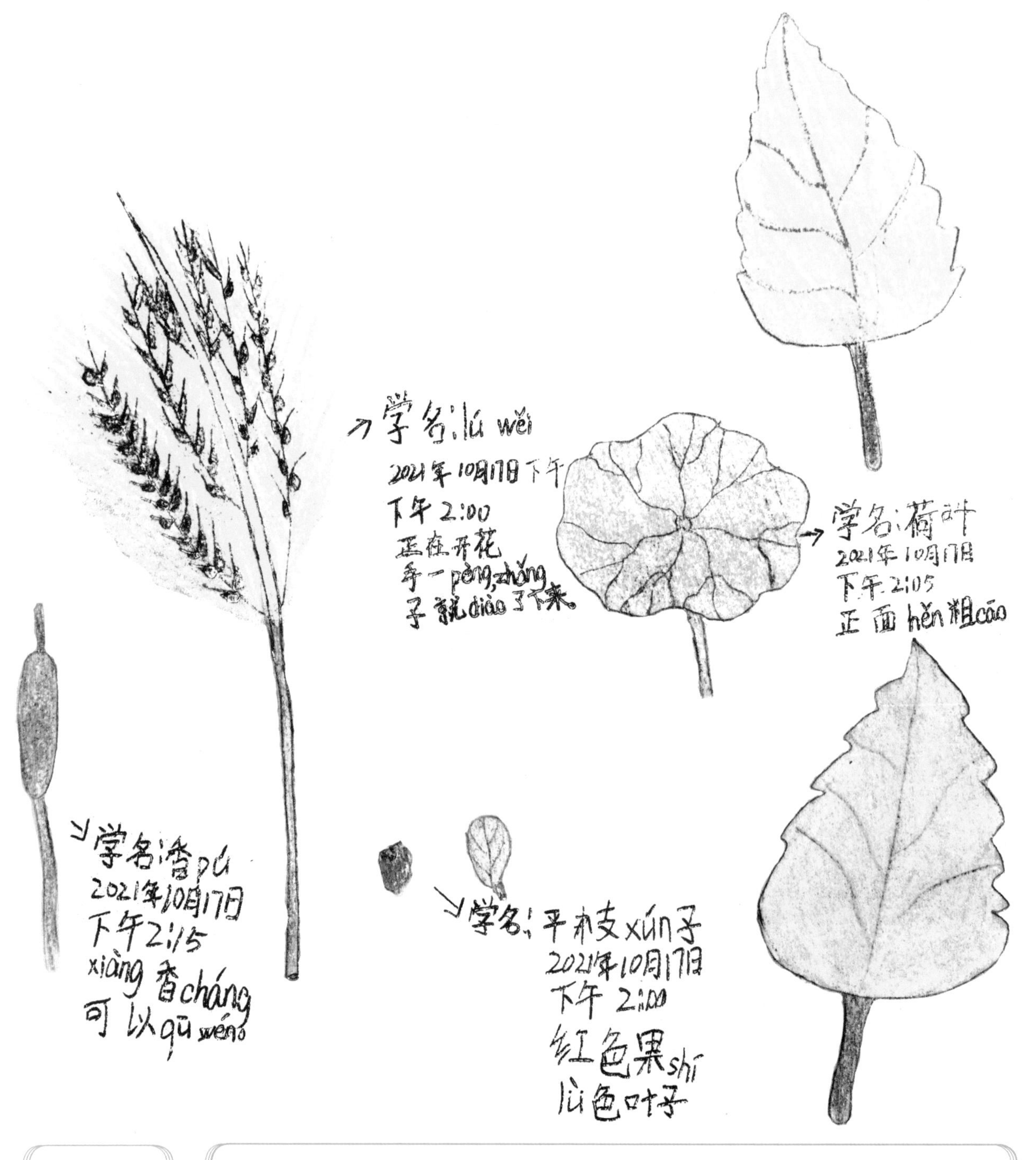

名师点评

作者观察了数种常见植物，记录了每种植物的具体观察时间，这项数据颇有价值，是值得学习的细节。如果观察时对每一种植物进行更加全面的探究，如不仅观察最突出的果实、种子，也观察叶片、茎秆及整体姿态，甚至观察本种植物与环境之间的关系，则自然笔记的内容会更加丰富具体，也可以聚焦一种或一类植物，详细观察，比一次观察多种植物效果更好，收获更大。

牡丹

◎ 徐铂洋

名师点评

作者较详尽细致地介绍了牡丹，涉及牡丹的形态、文化、养护，以及牡丹与芍药的区别，内容丰富而扎实。如果能再加入一些自己亲自观察牡丹的细节，如花朵香味、花朵大小、花瓣重瓣程度，以及牡丹诸多品种的变化，则更加富有亲身实践的气息。作者引用唐诗，为作品赋予文化气息，值得称道；对牡丹与芍药叶片的对比绘图，也较为准确，如果能锁定一个主题深入聚焦，例如牡丹与芍药的区别，则效果更好。

扫码看视频

荷花

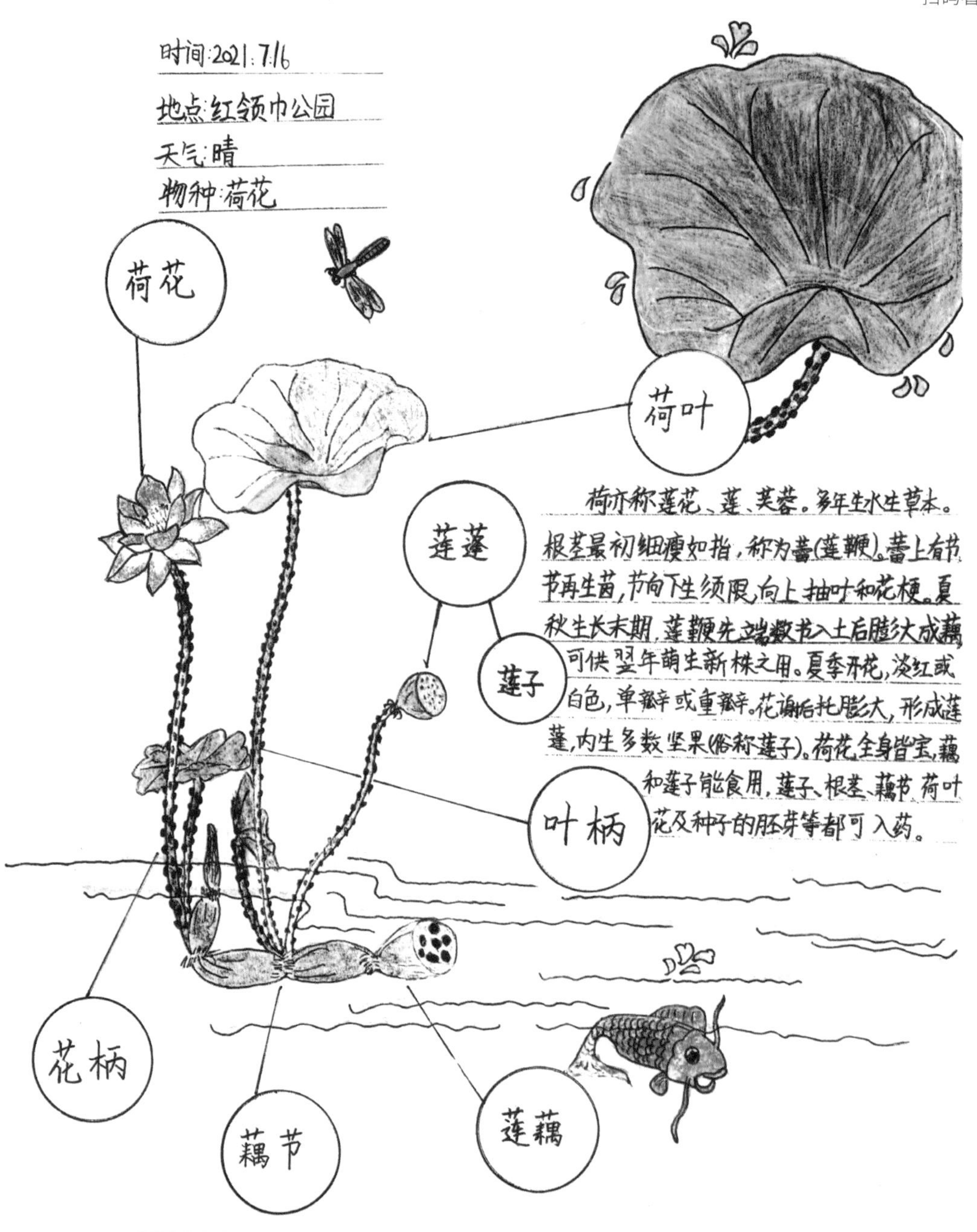

名师点评

作者介绍了荷花的外形特征与生长过程，图文结合，具有价值。在绘图中，注意到荷花叶柄、花梗的细节，值得赞赏。在文字描述中，应用详实的背景资料，但如果能加入更多自己的观察与思考，则更加有趣有料。如果我们自己观察一片荷塘，会发现许多有趣的细节，比如浮在水面上的“浮水叶”，还有许多伴生植物，构成了复杂的生态系统，各种水生昆虫也栖息其间，宛若精灵。建议作者更多地观察并记录这些细节，则作品更加优秀。

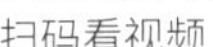
扫码看视频

莲

◎ 贺锜凯

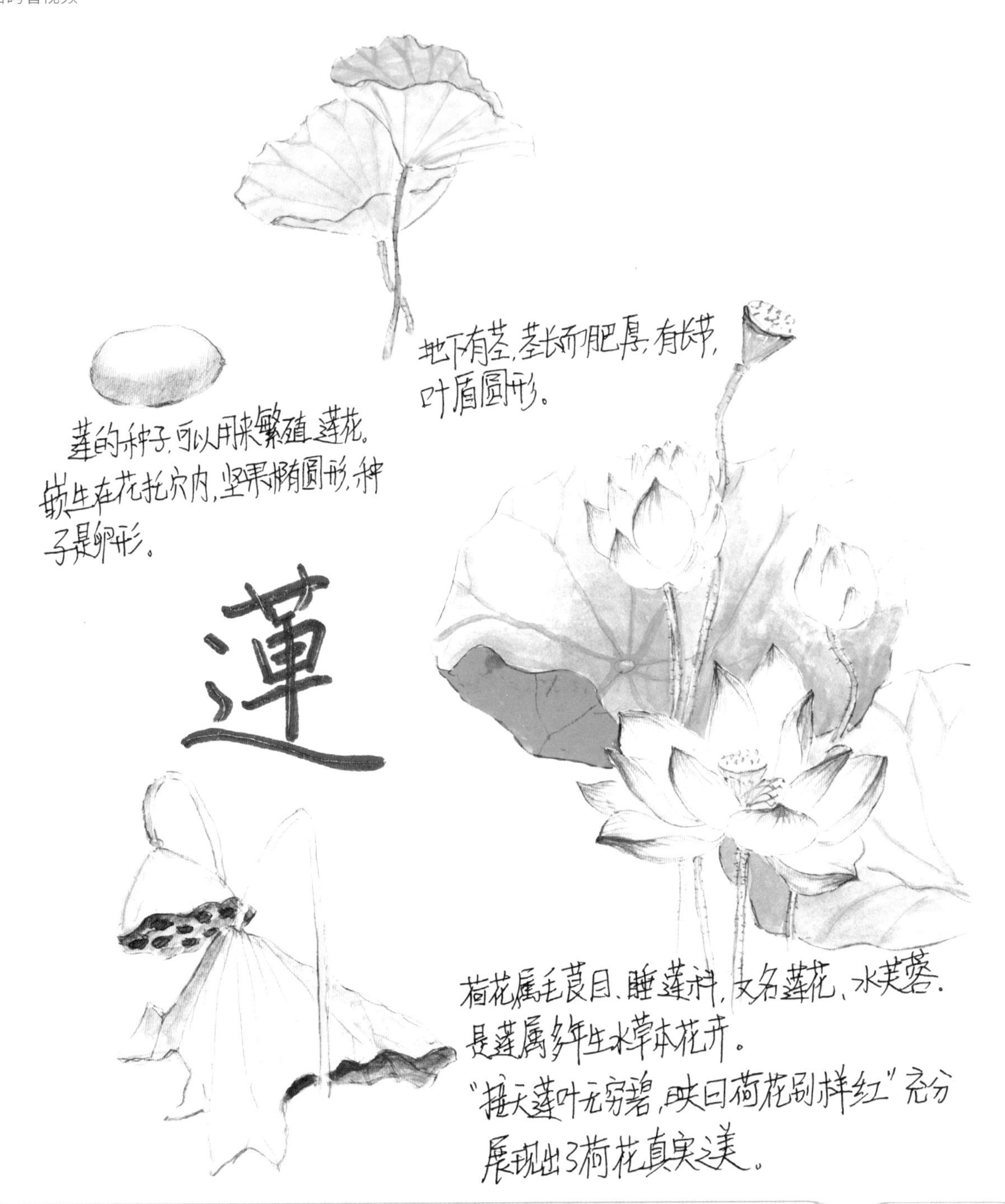

名师点评

作者较为详细地介绍了荷花，引用了古诗展示荷花之美，值得称道。如果在介绍中，加入更多自己的观察和理解，则更好。作者的绘画功底扎实，画面栩栩如生。如果能更加聚焦一些细节，尤其是与科学观察有关的细节，例如莲蓬中包裹的一粒粒的为小坚果，作者描写为种子，如果更加精准严谨地进行形态特征表述，则更能突出自己的观察与理解。

牵牛花

◎ 赵苓汐

扫码看视频

牵牛花的颜色鲜艳，花色也会变化，从早上的紫红色到中午变成紫色，这是因为花青素与空气中二氧化碳的含量发生变化，导致花朵颜色变化。单朵花开放的时间非常短，一般早晨5点左右开放，到上午10点左右，花朵就会慢慢凋谢，而且已经开过的花朵是不会重复盛开的。

名师点评

作者观察并介绍了牵牛花的开花习性，自始至终聚焦一点：开花，这种聚焦能力值得赞赏。由于重点观察开花，作者也发现了一些独特的信息，如花色的变化，单朵花期的长短等，这是自然笔记的重要意义之一。作者绘图功底扎实，花朵细节描绘出色，图文结合简单明了。牵牛花随着时间推移变色的机理，作者大致讲述清楚，但还可以继续讲透，并结合自己的观察，发现更多细节。

自然笔记——铃兰

◎ 徐彦博

名师点评

作者详尽介绍了著名观赏花卉：铃兰，内容较细致，绘图精美。在介绍中，作者使用较多背景资料，引用较详实，但如果能加入更多自己的观察、理解、思考，特别是对铃兰细节的观摩：花朵到底有多大，生长在怎样的环境，给人以怎样的感受等，会更好。作者对铃兰的绘图，接近科学绘画的水平，全面展示铃兰的全株特点。如果是临摹，以后可以尝试原创；如果是自己原创，可以将绘画过程、观察心得介绍出来。

荷花种植

◎ 尹嘉昀

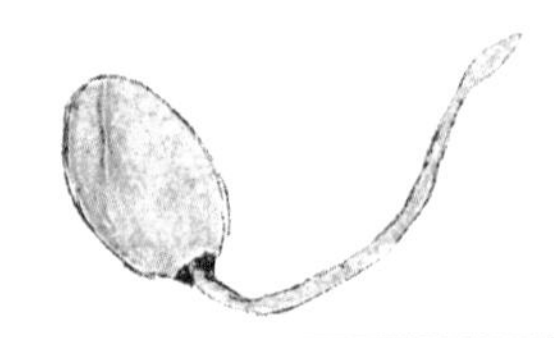

这是一颗莲子，

慢慢发芽长大，

变成一朵花骨朵，

接着变成一朵荷花，

1、春天我收到一颗种子，妈妈告诉我这是莲子。

2、我把种子放在水中，不到一周的时间，小种子发芽了。

3、我将发芽的种子种在带有淤泥的大盆里，一个月时间盆里已荷叶连连。

4、七月荷叶中穿出，一朵朵粉红色的荷花。

最后长成了一株莲蓬。

5、金秋十月我收获了莲蓬，妈妈告诉我莲蓬里那一颗颗的种子就是莲子。

名师点评

作者完整记录了种植荷花的过程，记录了各个重要时间节点，并给出了较为清晰的绘画与文字描述。但是，种植过荷花的人知道，其生长过程并不简单，且并非第一年种子繁殖后就能开花，种植过程也比较复杂，牵涉到地下藕茎的生长等一系列问题。如果作者能记述得更详细一些，则更具有说服力。作者的绘图基础较好，文字表达也清晰简洁，版面设计能力强。

凤仙花观察记录

◎ 刘朴睿

凤仙花观察记录

我想观察光照与浸种对凤仙花的影响。

上图为4月3日的记录，最左边一盒是用来观察根系的，其分别为：浸种+自然光，未浸种+自然光，浸种+透光，未浸种+透光，还有一盒拿到学校，光照条件极差。下图为5月3日的对比，中间一盒明显小一些的是拿学校的。

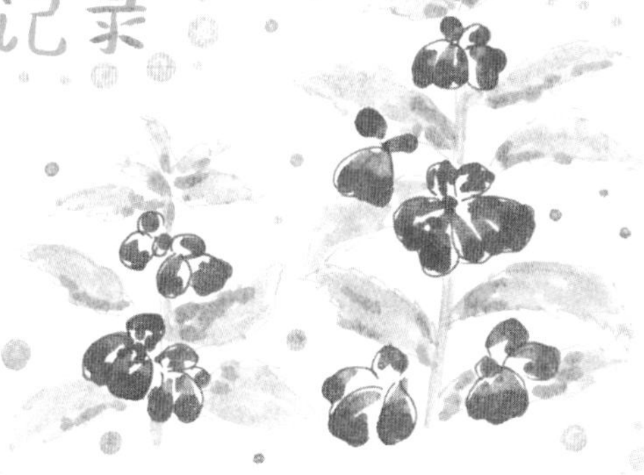

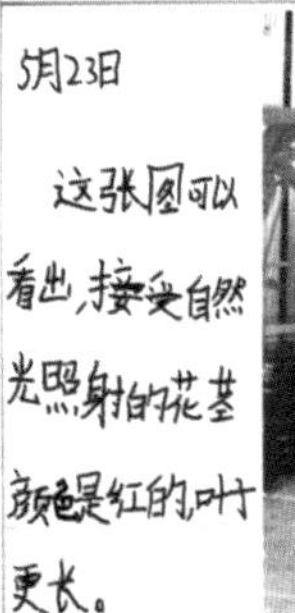

7月9日，早期接受自然光照的凤仙开花了，接受透光光的没有开花。补充：由于感染了虫害，最终只保留了这两株，并于9月5日搬到公共走廊，全没有光照。

北京第一实验小学 四(2) 刘朴睿

名师点评

针对光照对凤仙花的影响，作者设计了一个简要而富有科学内涵的实验。开展分组对比实验，可见作者较好的科学素养，如实记录感染虫害的损失，也体现出实事求是的科学精神。不过，针对凤仙花与光照的实验结果，还应进行完整的总结，并查阅相关资料，得出一定的结论，这样更加完整。三个实验阶段，在版面上进行了清晰的划分，图文结合良好，有效传递了相关信息。

苘麻

苘 qǐng 麻 má

北师大奥小　徐梓诚

周末，我和妈妈去公园散步。在绿化带中，我发现了一棵果实很像八角的植物，于是询问妈妈，她说她小时候吃过，有一股青涩味，上网查资料后得知，这是苘麻。

花：单生于叶腋，5片花瓣，黄色，有浅棕色脉纹，宽倒卵形，先端平凹。

茎 → 叶腋 ← 叶柄

茎：绿色，直立，皮可制麻绳、麻袋……

果实：蒴果，绿色，成熟后为黑褐色，干燥后可裂开。果由十几瓣小果荚组成，每个果荚中有2-4粒种子。种子呈三角状肾形，白色；成熟后为黑褐色，可制油、药用……

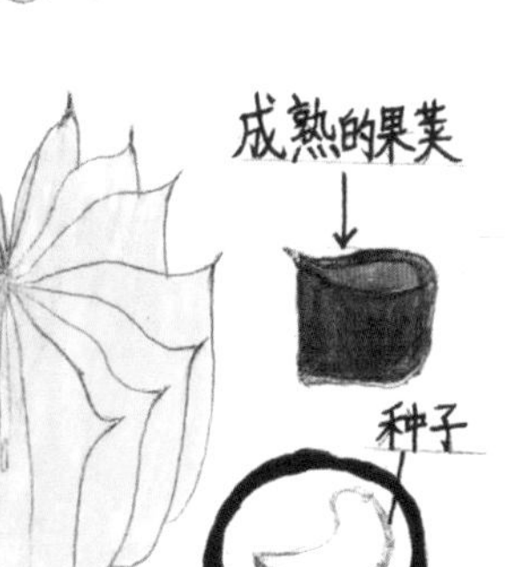

叶：叶片互生，圆心形，边缘有锯齿，叶柄长3-12厘米。

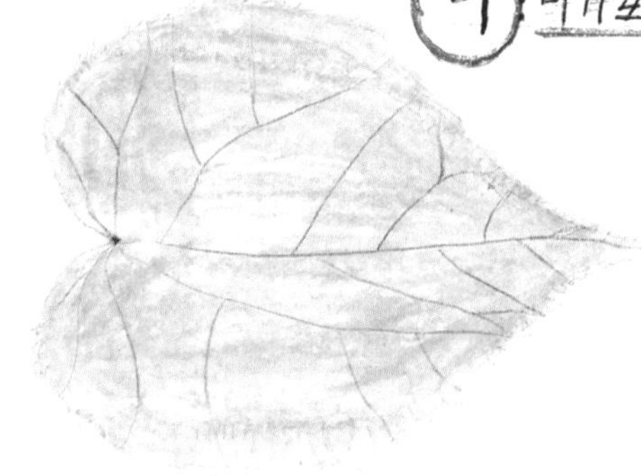

苘麻（学名：Abutilon theophrasti Medicus），是一年生亚灌木草本，锦葵科。花期7-9月，果期8-11月。除青藏高原不产，中国境内均有分布。除花瓣外，整株植物均密布柔毛。

名师点评

苘麻，是北京常见植物，散生于各处，作者能发现并观察身边的草木，值得赞赏。在观察中，作者参考植物学文献，给出了准确的描述与解释，结合自己的观察，绘图准确，对苘麻进行了比较详备的介绍。如果观察中再细致一些，获得再多一些自己的收获与理解，则更好，比如多次观察后就能发现：苘麻的花朵何时开放，何时凋谢，果实是否会引来鸟类或昆虫？最重要的是，苘麻作为重要的纤维作物，若作者可以亲自剥离其茎叶，观察其纤维的长度与韧度，则效果更加。

扫码看视频

铜钱草

◎ 胡沛萁

铜钱草

中文学名:香菇草
拉丁学名:Hydrocotyle vulgaris
科:伞形科
分布区域:世界热带、亚热带

地点:北京顺义奶奶家
记录人:胡沛萁
时间:2021年7月20日

铜钱草的叶子圆圆的,像一片片小小的荷叶,它碧绿的叶子中间有一个嫩绿的小点,像一个绿色的铜钱,这大概就是它名字的由来吧。叶片有着波浪形的边缘,叶片很小,可绿得耀眼;绿得可爱。

铜钱草的茎长长的,细细的,有一些弯曲。密密麻麻的叶子,顶在细长的茎上,像一把把小伞。

铜钱草开着白色的小花,没有开放的花蕾像绿色的米粒。它的根系很发达,有很多须根。

花:伞状花序,花朵特别小,每朵花有5片花瓣,花蕾是绿色的,开花后为白色,有臭味

叶:叶子是绿色的,叶片较薄,形状为圆肾形,边缘有波浪状钝齿

茎:是匍匐茎,细细的长长的,7-30厘米

根:在茎节处生出须根,每一节可长一枚叶子,可一直延伸

铜钱草性喜温暖潮湿,栽培处以半日照或遮阴处为佳,忌阳光直射,栽培以松软排水良好的土为佳。耐阴、耐湿,稍耐旱,适应性强,水陆两栖皆可。

名师点评

作者选择了一种非常精致美丽的植物:铜钱草,进行了细腻而科学的观察。文字描述清楚而富有文采,如:“碧绿的叶子中间有一个嫩绿的小点”“绿得耀眼”“绿得可爱”……这些都是真实而富有诗意的描述。作者对铜钱草的外形描述也比较准确,如对花蕾、根系的描述,如果将这些描述文字,用连线的方式与图片对应,效果应该更好。绘图清楚准确,具有不错的绘画基础。

扫码看视频

自然笔记

◎ 曹欣然

2021年10月17日
红领巾公园 9岁
晴 14°C

平枝栒子

是灌木，小枝排成两列。叶片近圆形或椭圆形，果实是红色的，呈上宽下窄。

平枝栒子的果实

平枝栒子的叶子

香蒲

是水生草本植物。约1-2米高，叶片呈剑形，包裹着茎秆。果实是棕色的，呈香肠形，表面粗糙。

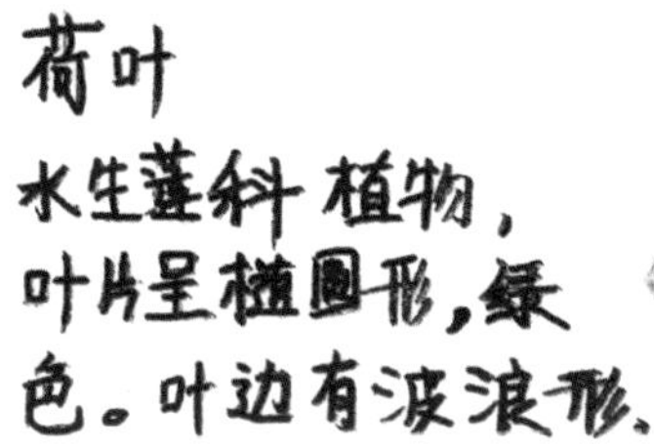

荷叶

水生莲科植物，叶片呈椭圆形，绿色。叶边有波浪形。

名师点评

作者在红领巾公园，观察了三种常见植物，记录较为详细。第一种植物的观察尤其细致，包括平枝栒子果实“上宽下窄”的形态描述，有别于通常的“椭圆形”，是细心观察后的结果。后两种水生植物的观察略显简单，可能是由于接近水生植物较困难，且有一定危险。作者的绘图能力较强，几种植物的描绘基本准确，且具有一定的绘画功底，图文结合较好，如果能提供更加细腻的文字描述，则更好。建议作者选择容易接近且在各方面均安全的情况下进行观察自然笔记目标物种。

牵牛花

◎ 高子涵

矮牵牛是茄科属一年生草本植物，高可达60厘米。矮牵牛花期长，开花多，被誉为“开花机器”。

5月10日，妈妈从网上买回来一棵矮牵牛，它的名字叫“星空”。它开花会是什么样子呢，我好期待。

夏天，花开的越来越多，有全白的还有白色条条的花，很好香。

养了20天后，它终于开花了，花瓣上布满不规则的白色斑点，像夜空中布满了星星。

秋天到了，花瓣上的斑点少了，我把它拿到屋里，小点点又回来了。

通过观察，我发现育种家就像魔术师，他们培育出了新奇有趣的植物，给我们的生活带来了美好！

名师点评

小作者通过对矮牵牛的观察，了解了植物育种学家的不易，通过对植物本身的观察发现自己种植的矮牵牛身上的亮点。如果能更加仔细地对植株整体进行观察，把矮牵牛的叶子、花朵以及植株形态进行认真分解，绘画得更加精准一些，会对自己学习植物学及更好地完成自然笔记作品，都能有更好的提升。

牵牛花

◎ 薛轶丹

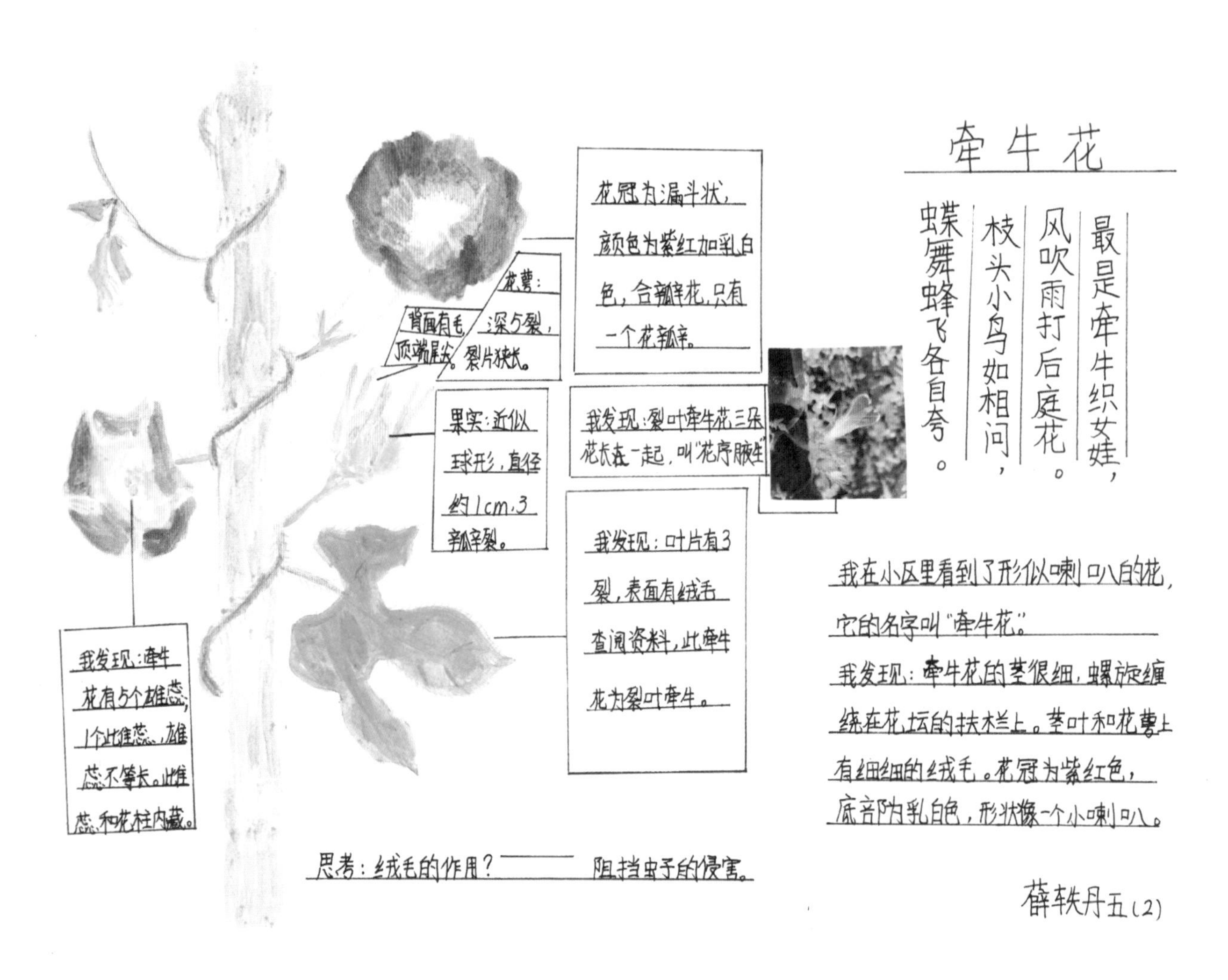

名师点评

牵牛花是中小学自然笔记的常见观察对象。作者对牵牛花的观察，有一定自己的特点：一是对花的结构有细致观察；二是发现牵牛花叶片3裂，即裂叶牵牛；三是考虑牵牛花上绒毛的作用，给出了自己的答案：阻挡虫子的侵害。这些都是有价值的独特收获。不过，作者提到："裂叶牵牛花，三朵花长在一起，叫'花序腋生'"，这个概念是不准确的，还需要进一步观察并查阅相关资料。版面上还录入一首小诗，很有文艺的感觉。作者绘画基础较好，版面设计工整，作品整体清晰自然。

扫码看视频

紫叶酢浆草

◎ 鹿梓彤

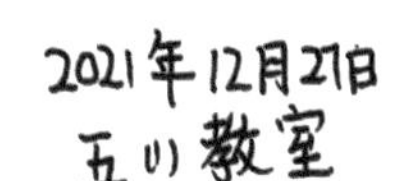

花瓣

未长成的紫叶酢浆草它的茎为青色的。紫叶酢浆草叶形奇特，叶色深紫，小花白色，色彩对比强烈，十分醒目！

紫叶酢浆草，掌状复叶由三片小叶组成，每片小叶呈倒三角形，宽大于长，质软。叶片颜色为艳丽紫红色，部分品种的叶片内侧还镶嵌有如蝴蝶般的紫黑色斑块。伞形花序，花12—14朵，花冠5裂，淡紫色或白色，端部呈淡粉色。

在花心里有着三撮小绒毛，它们都是朝着花瓣的位置生长的。

紫叶酢浆草有睡眠状态，到了晚上叶片会自动聚合收拢后下垂，直到第二天早上再舒展张开。花蒴果状，有毛，花期5—11月。

紫叶酢浆草花语

紫叶酢浆草寓意爱国独立、神秘的心、珍贵的爱。紫叶酢浆草是爱尔兰的国花，有着表达民族独立坚强的意思，而且其叶片呈现爱心，颜色为神秘的紫色，就像一个看不透的人。

名师点评

紫叶酢浆草是常见的盆栽植物，作者对其进行了比较细腻的观察，结合背景资料，提供了一份较完备的介绍。其中，最有价值的是作者的观察，例如“三撮小绒毛，它们都朝着花瓣的位置生长”，再如未长成的酢浆草的茎秆颜色等，这些新鲜独创的内容如果再多一些，则更好。作者提到了酢浆草的夜晚休眠习性，可以由此深入，了解并验证其叶片闭合机理，例如人为遮光或控制光线等，如此可以大大提高作品的科学性。

自然笔记——路边的野花

名师点评

作者选择三种北京常见野花，进行观察与描述，观察目标虽多，观察效果却很细致，有自己独特的收获。比如对早开堇菜果实弹裂的描述，以及对附地菜花朵的观察，都能看出是自己的收获。作者对三种植物的鉴定基本正确，堪称一定的植物功底，但“旋花”的正确名称应为“田旋花”。图文结合较为紧密，内容信息量很大，因此略显拥挤。可将植物描述用连线的形式，标注在图画上，或许更加清晰。

自然笔记——荷花

◎ 阚诗程

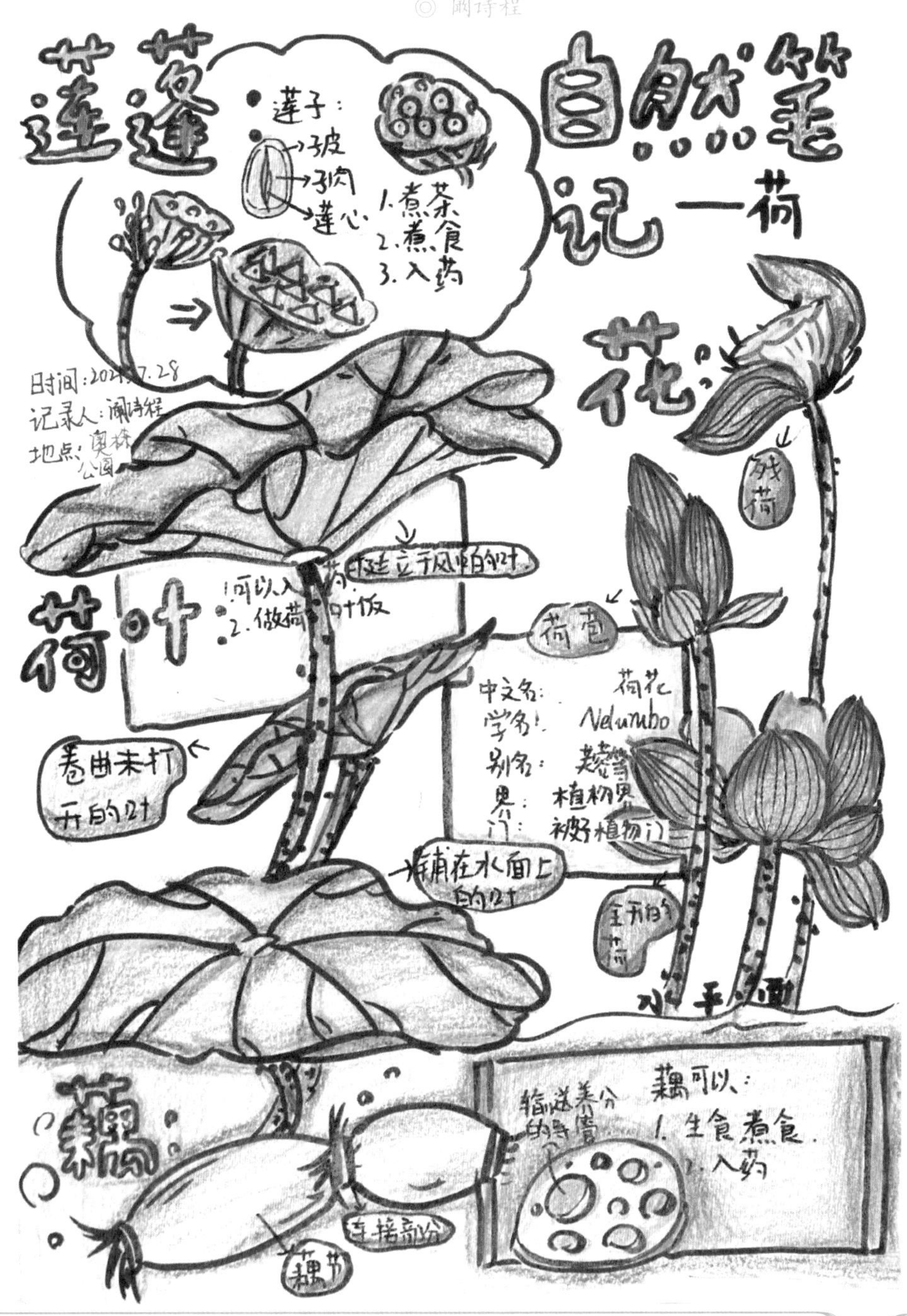

名师点评

作者以浓墨重彩的画面，展示了荷花的诸多形态，穿插文字，构成了一幅比较精彩的自然笔记。从内容看，作者关注并展示了许多细节，如：莲蓬从幼小到成熟的两种形态，荷叶卷曲与打开，还有平铺在水面的形态，以及荷花从未开、全开到残荷的变化——可见作者在现场进行了大量观察与临摹，才能用画面展示丰富的细节。如果将图画与文字结合得更有条理一些，则更好；此外，信息量虽大，但比较零散。很多问题没点到为止，如果能再聚焦一到两个主题，或许效果更加。

麻栎

名师点评

麻栎是重要的山地绿化树种，是一个相对理想的观察目标。作者结合背景资料，对麻栎进行了堪称植物志一般的详细介绍，资料完备，绘图精美，有专业植物手绘画的风范。但文字内容多以静态资料为主，自己的观察心得不多。如果能再多介绍一些自己的观察心得，例如麻栎的生长环境，麻栎周围的植物、动物、昆虫，特别是麻栎与常见的槲栎、蒙古栎之间的区别，则更好。

元宝枫

◎ 康谊澜

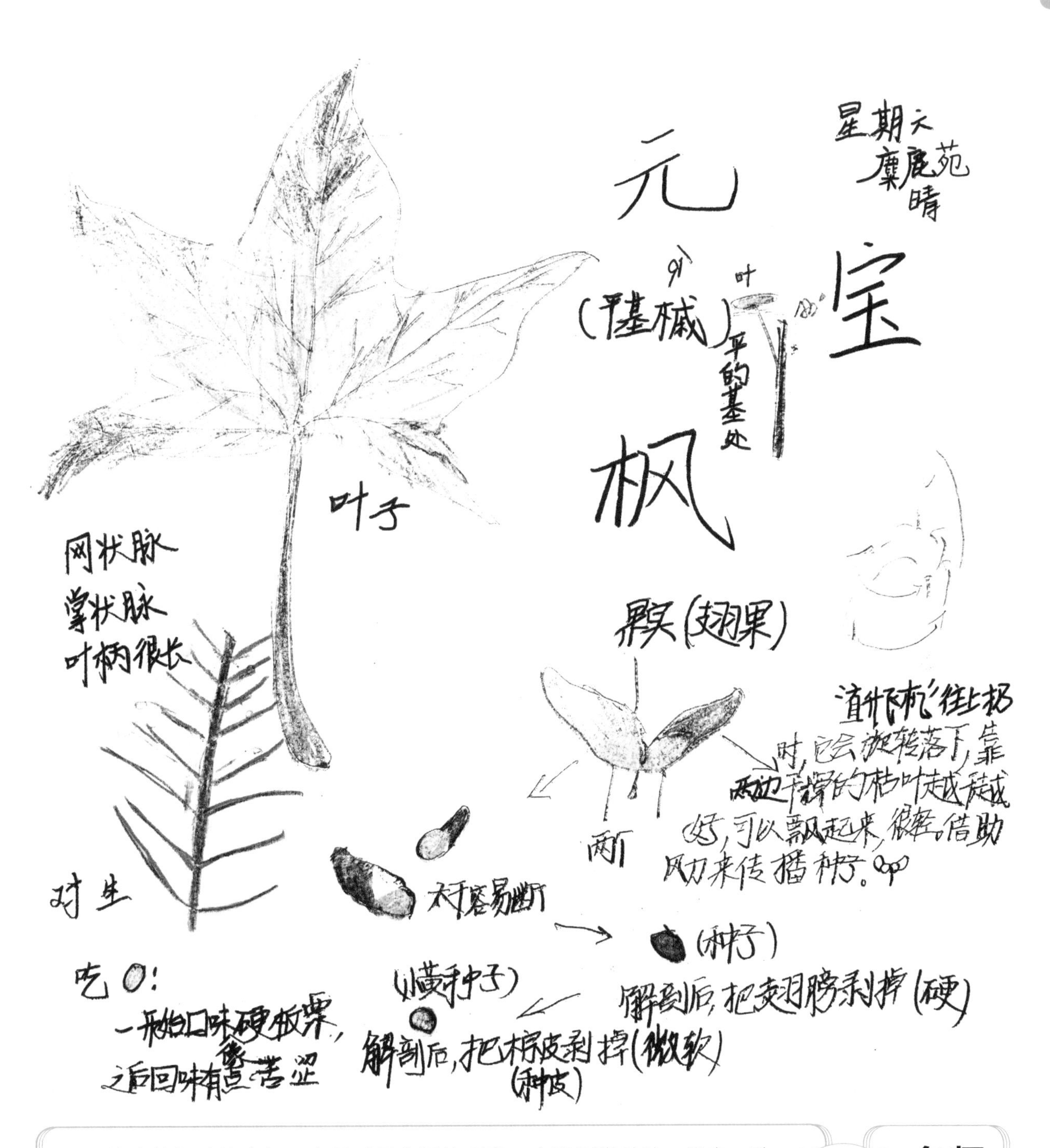

名师点评

作者较细致地介绍了自己对元宝枫的观察，主要围绕叶片、果实、种子，观察细腻，科学性强。针对元宝枫的翅果特点，进行了简单的抛飞实验，也有意义。元宝槭种子可以榨油，曾被作为油料作物。作者品尝了元宝枫的种子，并描述了其味道像板栗、回味苦。在开展自然笔记过程中，一定要了解观察植物无害才能进行碰触，更不要品尝。

红豆观察记录

◎ 潘怡霏

材料

一些红豆　透明的杯子　纸巾　温度计　黑色塑料袋

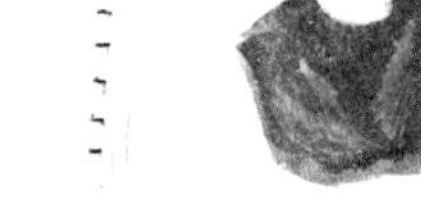

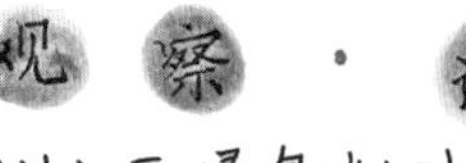

观察·记录

第一天

「把红豆放置在透明塑料杯中，水位没过红豆，浸泡24小时。放在室内阴凉处，盖上黑色塑料袋。」

第二天

「温度：22°C 更换新水减少水量至红豆的$\frac{1}{2}$位置。红豆的外皮裂开一条缝，露出里面米白色部分。」

第三天

「温度：23°C 更换新水，水量至红豆的$\frac{1}{2}$位置。红豆表皮裂开处出现白色的小芽，芽长约5毫米。」

第四天

「温度：22°C 更换新水，至红豆一半。表皮裂开处白芽约1cm左右。」

第五天

「温度：24°C 更换新水，红豆表皮已完全脱落，芽长约2cm左右。」

第六天

「温度：24°C 更换新水，至红豆一半。豆子已裂出一条缝隙，连接处长出根，长出的芽长5cm左右。」

第七天

「温度：23°C 更换新水。豆子裂开，连接处的根长约2cm，芽长约8.5cm。」

名师点评

作者展示一个完整的浸种发芽过程，可见具有扎实的科学研究与自然笔记功底：首先，在开篇绘图展示自己的工具；其次，记录每天的温度，并详细说明操作方法；最后，用绘图展示发芽过程中的不同形态。版面设计以时间为轴，利用豆子变化的手绘图自然标定时间轴线，由此排布文字，精致而巧妙。如果作者能再完善两点：一是对红豆的基本介绍，告诉人们为什么要对它进行研究；二是加入对发芽率的统计，则更有科学价值。

扫码看视频

爬山虎

◎ 刘梦田

爬山虎观察时间：

2021年9月中旬到2021年10月中旬

爬山虎

10月10日爬山虎的叶子变成了红色

天气渐凉，路边随处可见的爬山虎也换上了红色的新衣。它的枝蔓有很强的攀爬能力，经常会攀附在岩石或墙壁上。

爬山虎在绿化中已得到广泛应用，它不仅能达到绿化、美化的效果，同时也发挥着增氧、降温、减尘、减少噪音等作用。

爬山虎的脚

爬山虎的茎

爬山虎的叶子

爬山虎的脚如果没有触到岩石或墙壁的话，那么用不了几天就枯萎了。如果触到墙了，细丝和小圆片就会逐渐地变成灰绿色。但你不要小看它们，这些脚牢固地扒在了墙上，不用力休想拉下一根茎。

爬山虎的脚

爬山虎是有毒的，它的毒性存在于植枝的枝液中，所以不接触爬山虎的枝液是不会对人体产生危害的。

名师点评

爬山虎是北京随处可见的攀援植物，作者的观察全面细致，重点放在爬山虎的叶片变色与吸盘结构，也兼顾介绍了爬山虎的习性，甚至是毒性——能充分使用背景资料，是作者的优点，但比例稍显过多，冲淡了自己的观察结果。其实，观察爬山虎只要拉起藤蔓，还能发现许多人们从未发现的秘密，比如多年前的吸盘，还会牢牢黏附在墙上；比如许多蚂蚁会顺着爬山虎的藤蔓秘密行军，等等，建议作者再进一步，创造属于自己的独特发现。

凤仙花

扫码看视频

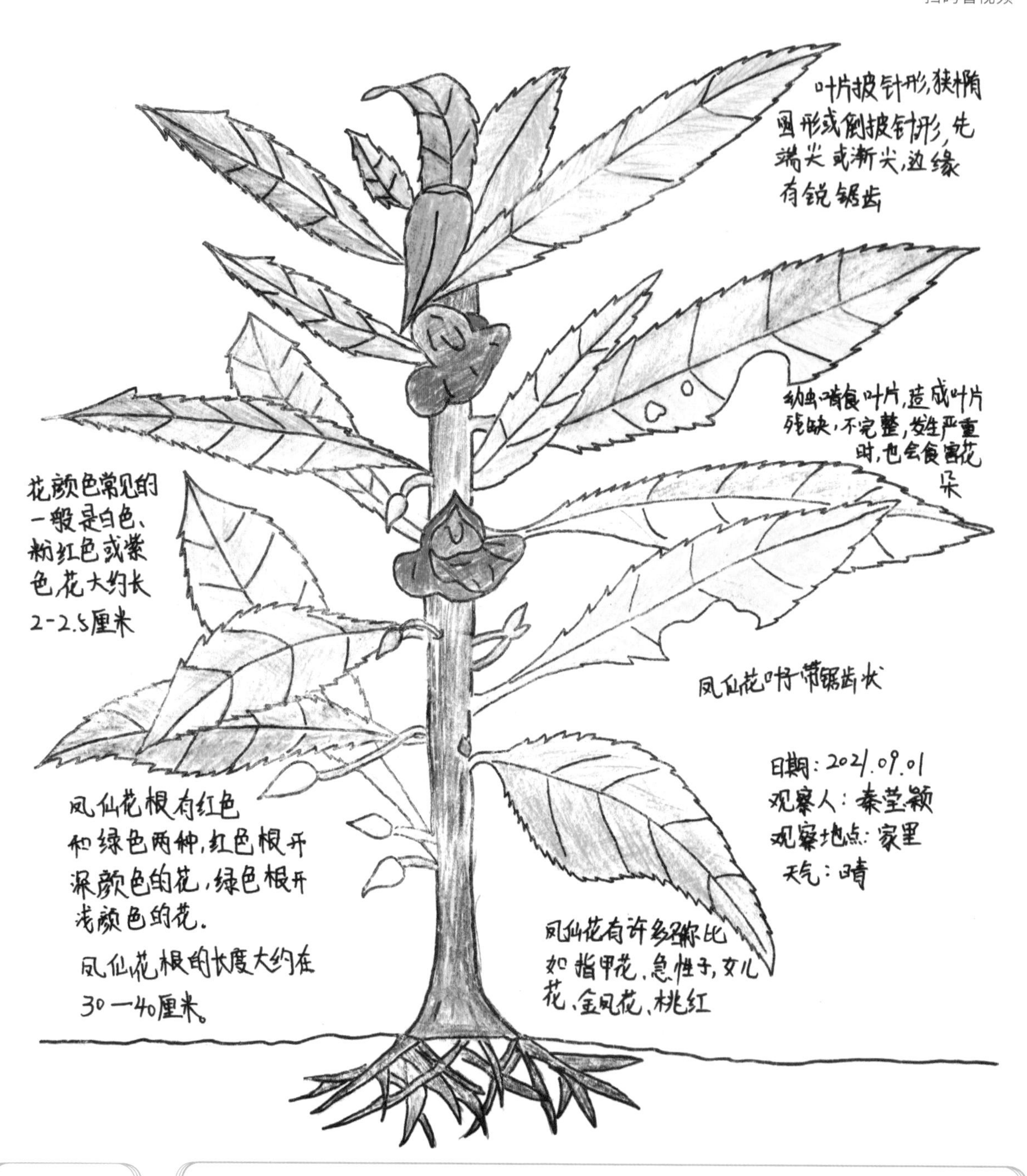

名师点评

作者细致描绘了一株凤仙花，图文结合，标注出其重要识别特征，态度认真，自然观察功底扎实。在观察中，作者注意到叶片上有被昆虫啃食的痕迹，对凤仙花各部分的描绘也基本准确。文字描述中，对凤仙花根系颜色与花色的阐述，可以再进行实地调查，以发现真正的规律。此外，作者描绘了凤仙花的果实，但没有进行阐述，略显可惜，因其别称“急性子”，就来自于果实爆裂的习性，可以再深入研究。

扫码看视频

自然笔记——荷花

◎ 孙乐陶

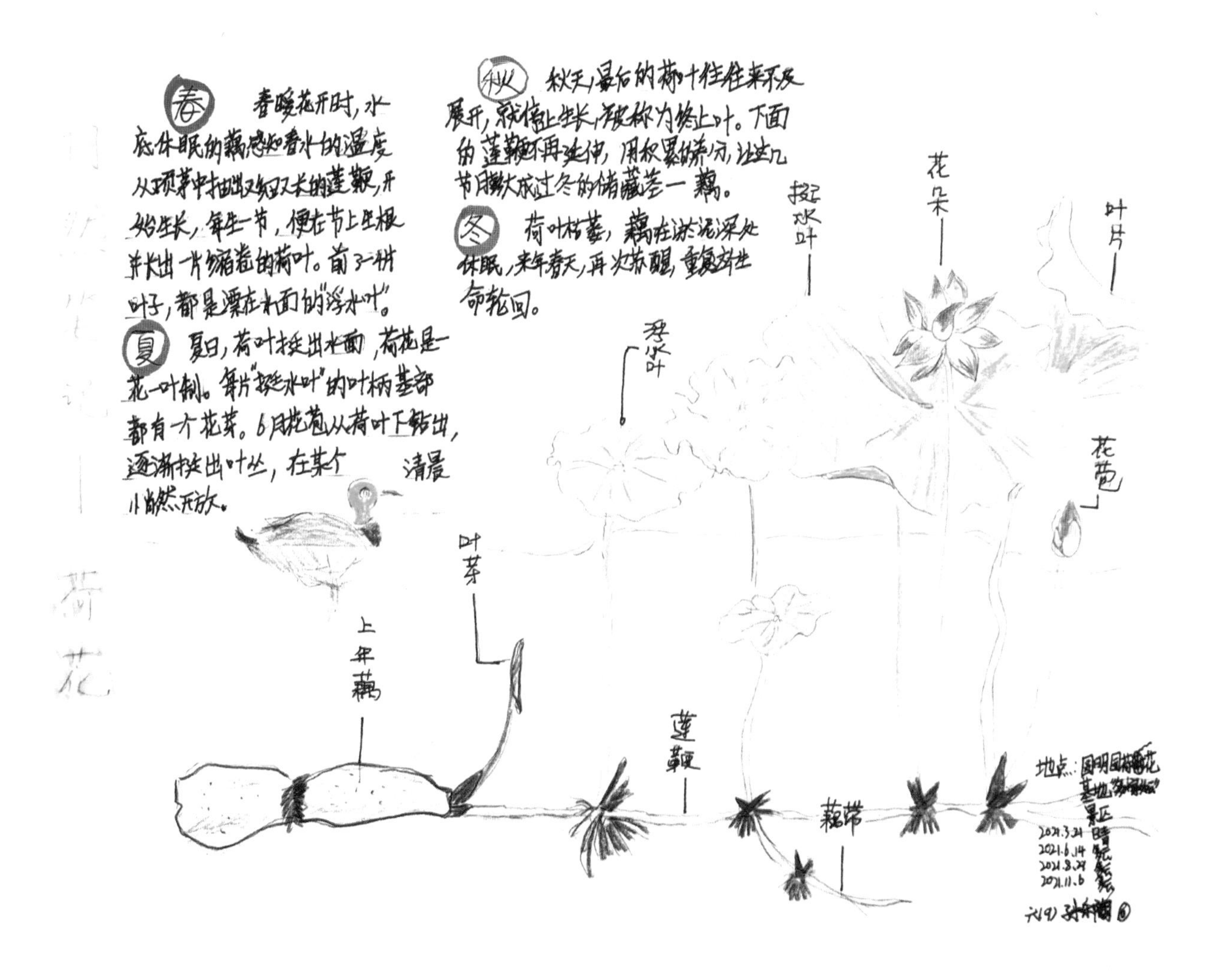

> 本作品与大多数荷花观察不同，展示了荷花一年中不同生长阶段的特点，主题明确而有意义。作者注意到，荷花不同阶段的叶片特点：浮水叶、挺水叶、终止叶的区别，并进行了相关分析，观察十分细腻。绘图比较精美，但文字比较集中，版面设计还可以注意图文穿插，使画面效果更好。如果观察中，加入更多自己的思考：三种叶片外形的具体描述，数量及叶面积的测量，以及不同荷花品种之间的不同，等等，则效果更好。

名师点评

自然笔记——合欢(绒花树)

◎ 周意

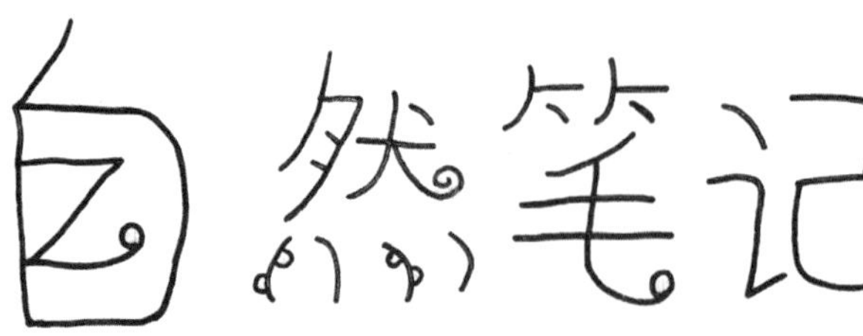

一 合欢(绒花树)

时间 2021年8月16日

地点 双秀公园

天气 多云转雷阵雨22-28℃

合欢花中含有合欢二字，代表着团圆美满的含义。可以将合欢花送给即将结婚的人们。合欢花特别像绒毛，我观察的是最后一朵合欢花了。合欢花上有红、粉、白色，越往下，颜色就越浅。

合欢的果实：

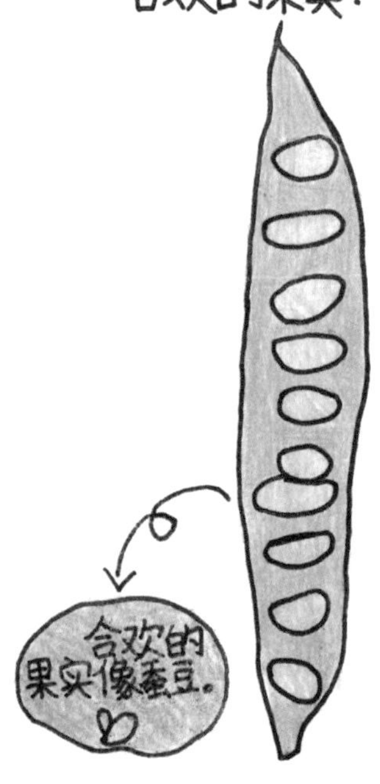

合欢的叶子在晚上会闭合，这样可以减少热量的散失和水分的蒸发，因此合欢又叫合昏、夜合。

合欢叶子是成对长的。顶端最后一对小叶子特别可爱。

名师点评

合欢是北京广受欢迎的树木，作者发现并观察到一株合欢树，发现了合欢最为人熟知的“明开夜合”习性，给出了自己的观察结论，有一定价值。虽然错过了花期，但作者还是找到了一朵合欢花，并进行了观察。如果能再调动更多的感官，发现更多的“为什么”：比如合欢种植不易，很多北京的合欢花都慢慢消失了，这是为什么？可以就此了解重要的合欢枯萎病，能使自己的自然笔记更有深度。

扫码看视频

芍药花植物观察

◎ 吕怡然

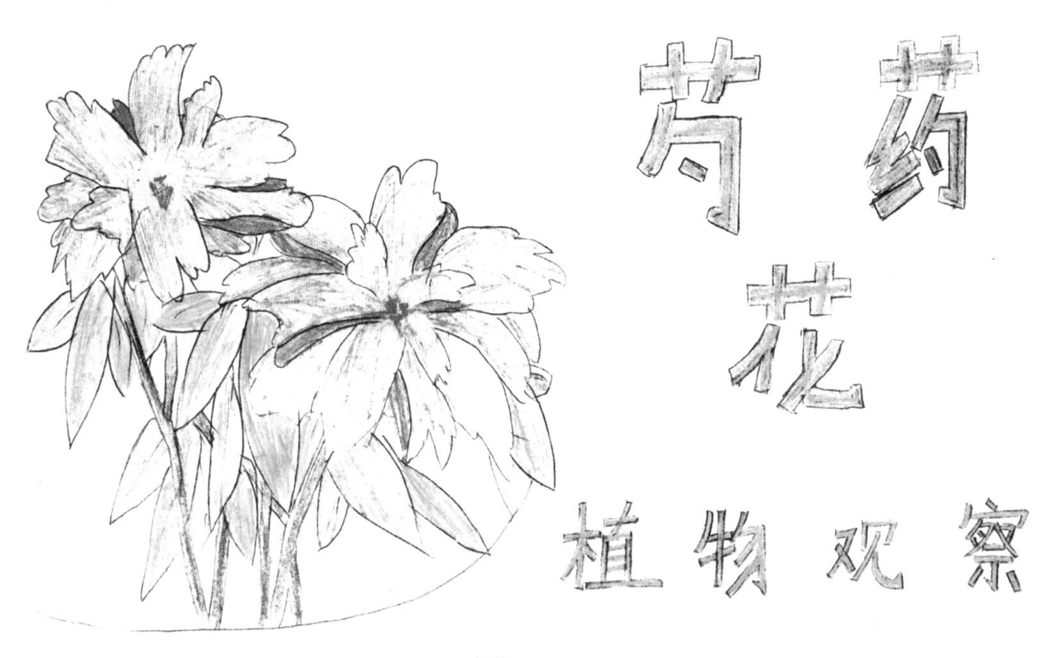

5月24日 晴 学校花坛
花瓣被花托包起来了,就是花苞,生长在枝叶顶端。

5月25日 晴 学校花坛
花蕊也被分为花丝、花柱和花头、花粉四部分,一般是雄蕊多数,雌蕊只有3个,被雄蕊包着,形成了球形。

花蕊

5月26日 阴 学校花坛
芍药的花瓣有白色、粉色、红色、紫红色,呈倒卵形,花一般长在顶端,花瓣5~13枚。

花瓣

名师点评

作者分三天，认真观察并记录了学校花坛中的芍药花，做出了相对详细的介绍。作者清楚标注日期、天气、观察地点，是一个良好的记录习惯。对芍药花的观察也很认真，绘制的图画颇能体现芍药花的柔美姿态。如果能再细化观察，尤其是芍药花开时，引来大量的传粉蝴蝶、蜜蜂，特别是甲虫，它们的传粉行为特点各不相同，是良好的观察目标，也能丰富芍药花的内涵。此外，标题占据版面过大的空间，挤占主体内容，可设计得更加紧凑。

扫码看视频

邂逅荷花

名师点评

作者介绍了一次邂逅荷花的经历，与妈妈一起在公园观察了解荷花，是一段很温馨的旅程。许多描述生活化，例如“看见几个莲蓬，立马想摘下来”，比较真实，但还要适当注意用词的严谨。作者描述多从感悟角度出发，科学观察略显不足，对荷花的形态细节、生长环境、周围的水生动植物，还可以更深入观察描述。绘画基础扎实，还有一些有趣的漫画。

四季海棠

◎ 鲁鑫伊

花朵是由两片大花瓣和两片小花瓣组成。

叶子长5—8厘米基部略偏斜，边缘有锯齿和睫毛，一面光亮，一面有小毛，主脉通常微红。中间和边缘的颜色不同。

正：　反：

未开放的花朵的花蕊是一卷一卷的非常可爱。

繁殖方法：
把四季海棠的茎剪开，再消毒，消毒后涂上适量的生根粉，然后插在土壤中，将室温保持在18～20℃之间，就好了。

茎是直立的，节很明显，肉质，没有小毛，基部有很多分枝和叶子。

花语：快乐聪慧、爱情长久、相思苦恋。

简介：每天进入学校最先看见的就是粉色和红色的四季海棠，黄黄的雄蕊非常可爱。

四季海棠的花期是3月—12月份。

适宜温度15—24℃。

名师点评

四季海棠是我们身边既美丽，又常被忽视的植物。作者展示了自己对它的细腻观察，对其花朵、花蕾、叶片、茎秆的观察均有自己的视角，比如：叶片正反面各有不同，叶片主叶脉微红，中间和边缘的颜色不同……这些描述不同于植物学标准答案，但能看出是自己的观察心得。关于四季海棠的繁殖，如果作者能自己进行一番试验，并展示出来，则更有意义和价值。

万寿菊

◎ 王瑞琪

万寿菊

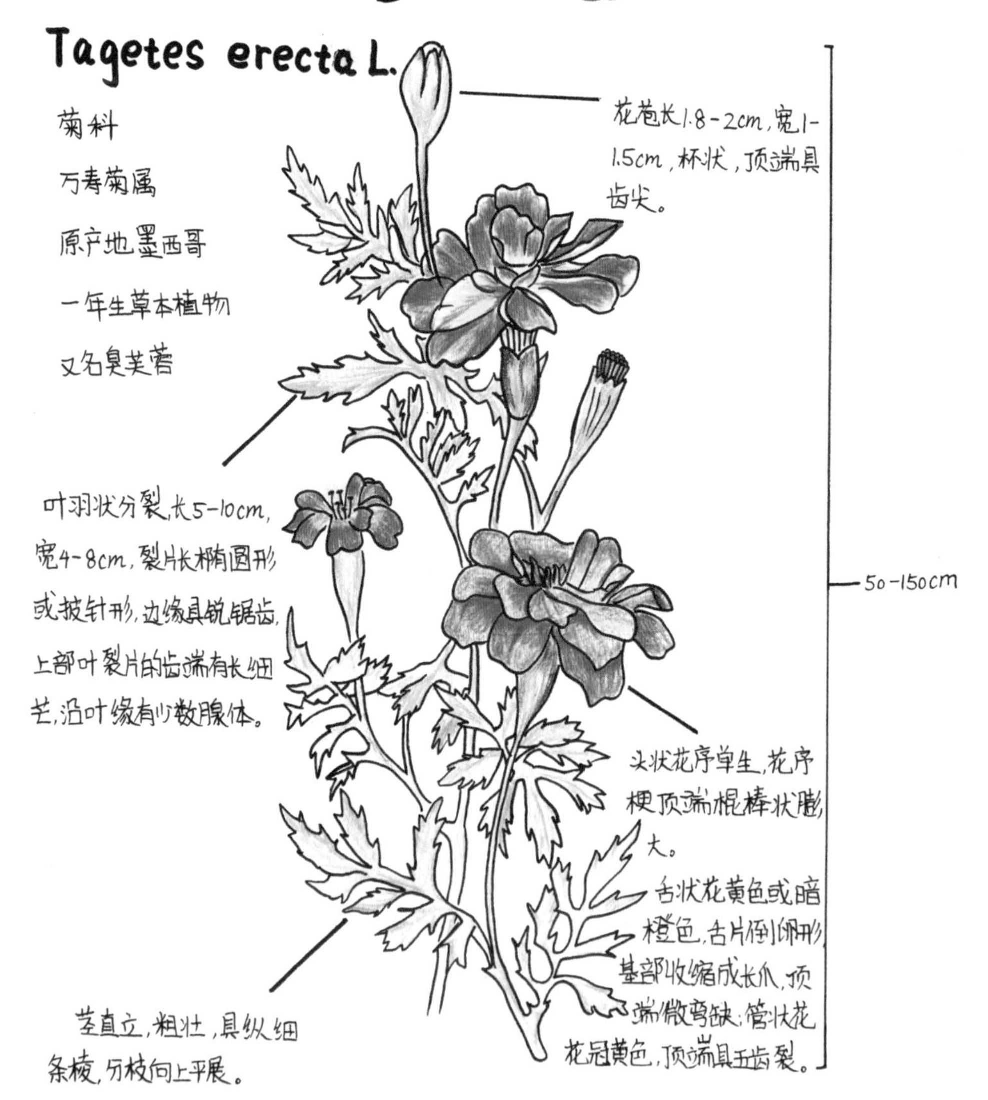

名师点评

万寿菊是北京常见园林花卉，作者观察并结合背景资料，图文结合，制成一份清晰的万寿菊介绍笔记，态度认真而细致。从内容上看，作者具有较强的文献查询能力，基本找到了万寿菊的相关资料。但如果能多一些自己的观察，将其与背景资料结合起来，例如：万寿菊的叶缘有少数腺体，作者如果能自己寻找一番，并将过程与结果展示出来，则更好。整体绘画基础扎实，图文结合好，版面设计干净整齐。

银杏——我的感受

◎ 裘曦元

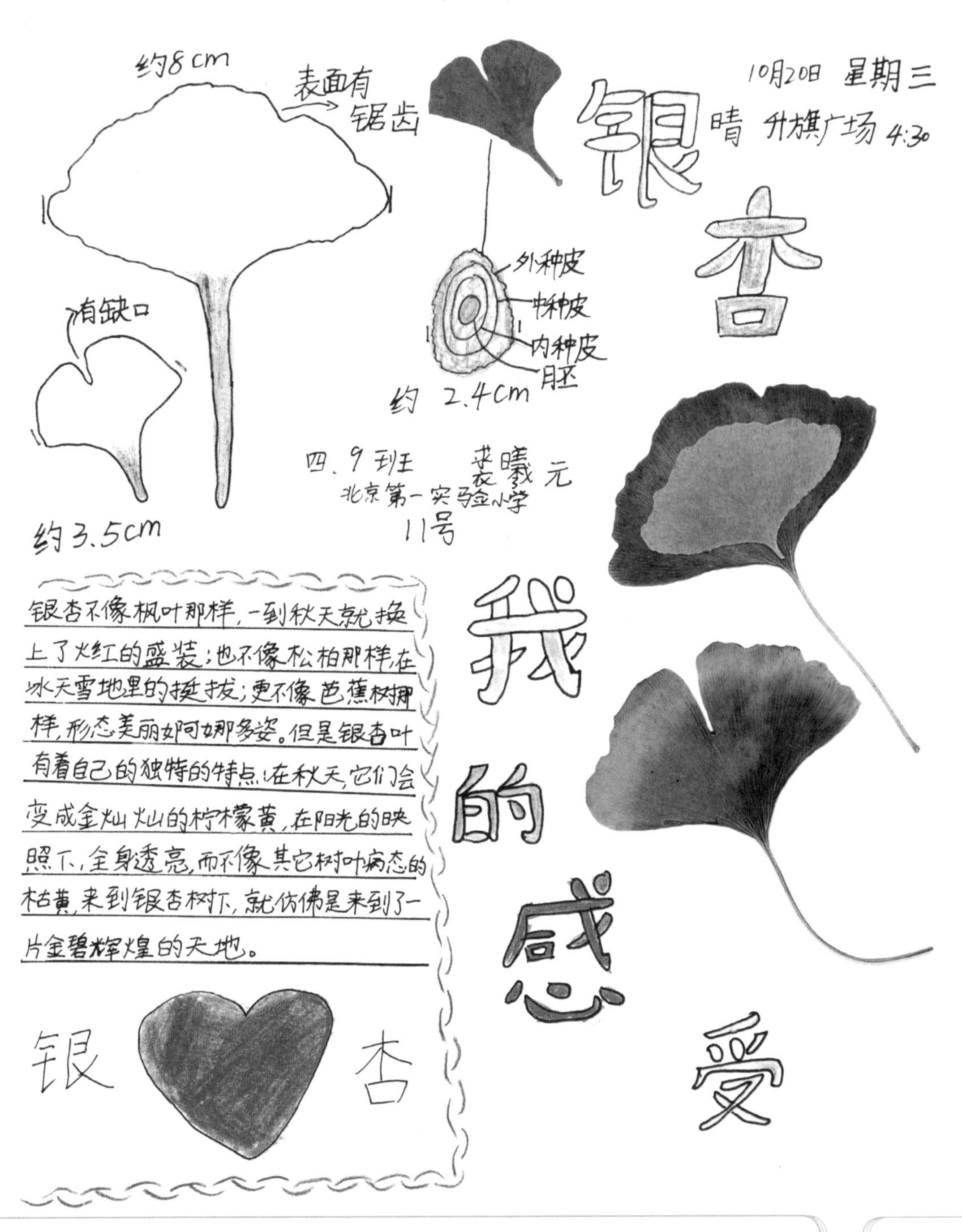

名师点评

作者观察银杏，主题是“银杏——我的感受”，从自身感受入手，也是一个比较独特的切入角度。从内容上看，作者书写了自己独特的感受，并将银杏叶与枫叶、松柏、芭蕉比较，书写了一段颇具感染力的内心体验。在自然观察方面，除了对银杏叶、果实的观察，如果作者能发现更多细节，则更好，例如银杏的不同树形，外来移栽的银杏与本地银杏的区别等，更符合自然笔记的要求。

茑萝花

◎ 杨依依

名师点评

茑萝花，是北京比较常见的攀援植物，也是非常好的自然观察对象。作者对茑萝形态进行了细致的描述，绘图非常精美，图文结合，展示比较详备。当然，如果再少一些背景资料，多一些自己的观察体验，则效果更好，内容描述也会更准确。比如第一句："茑萝花的叶片掌状分裂"，这描述的是掌叶茑萝，而不是作者描绘的羽叶茑萝。若再多一些实地观察，则可以避免这样的失误。

扫码看视频

二月兰

◎ 黄浩轩

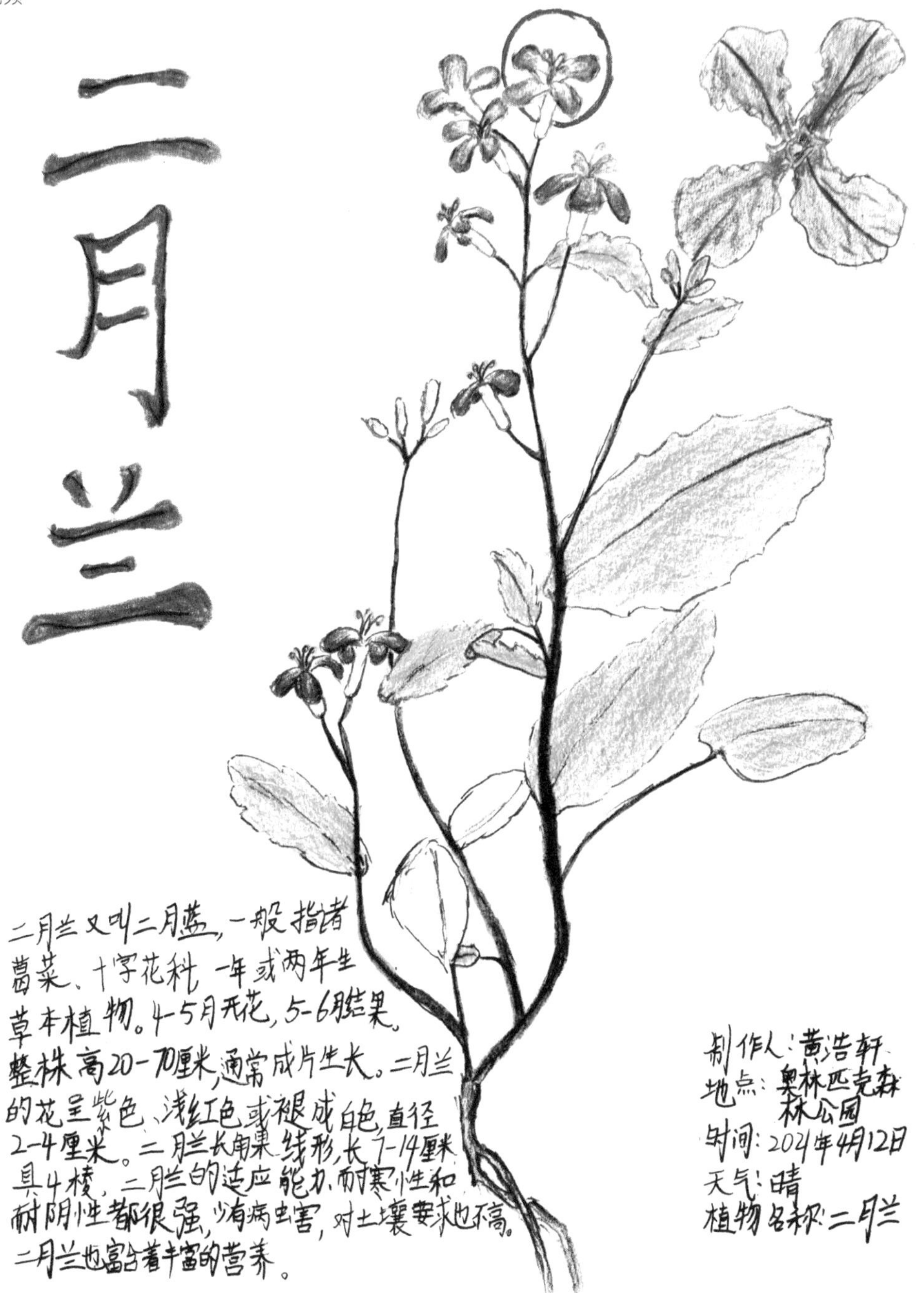

名师点评

作者选取了北京常见的野生地被植物二月兰，是一个相当好的观察对象。结合背景资料，作者也进行了较详尽的描述，如果能加入自己的观察与思考，则更好。例如：二月兰从幼苗到成株的变化；再如，二月兰的分枝情况、植株高度及倒伏情况等，都是很有意义的观察课题。作者的绘图精美而准确，不同叶片的大小形态各不相同，可见观察能力不错，且具有相当的美术功底。

自然笔记——银杏

◎ 李沐源

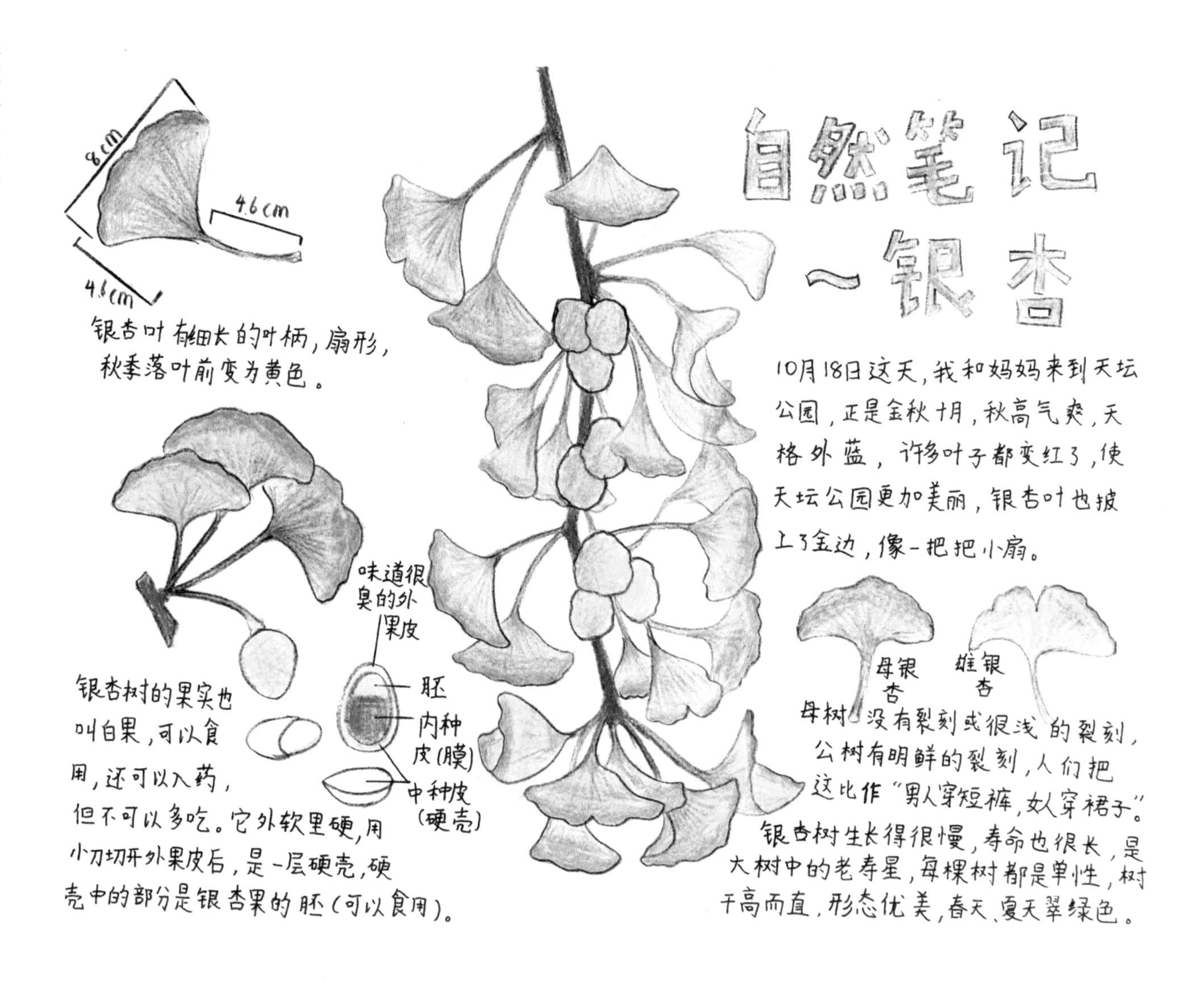

名师点评

作者展示了在天坛观察银杏的收获，内容可见作者观察颇为细致。首先，观察发现银杏为雌雄异株植物，并初步发现雌雄银杏树叶型的区别；其次，解剖并分析了银杏种子的结构。在自然笔记开篇，作者交代了观察背景与整体环境，使自然笔记更加完整，值得称道。绘画基础较好，版面设计规范，但在描写时科学性稍有偏差，银杏为裸子植物，肉质“果实”为种子。如果能再仔细观察，发现一些常人所未见的银杏细节，比如银杏的雌雄花，银杏树形之间的差异等，则更有价值。

扫码看视频

紫玉兰

◎ 雷紫宵

观察时间：2021年4月10日

观察地点：北京北大街

紫玉兰（Magnolia liliflora Desr），为中国特有植物，分布在中国云南、福建、湖北、四川等地，生于海拔300米~1600米的地区，一般长在山坡林缘。紫玉兰花朵艳丽怡人，芳香淡雅。紫玉兰的树皮、叶、花蕾均可入药。花蕾晒干后称辛夷，主治鼻炎、头痛，作镇痛消炎剂，为中国两千多年传统中药。

紫玉兰

花瓣里面白色

花瓣外面紫红色

亚纲：木兰亚纲
目：木兰目
科：木兰科
属：木兰属
种：紫玉兰
别名：木兰、辛夷、木笔、望春

界：植物界
门：被子植物门
纲：双子叶植物纲

瓶状

玉兰花先开花后长叶，因为它的叶子和花朵需要的温度不一样，叶子比花所需的温度要高一些，所以玉兰总是先开花或花叶同放。

种子

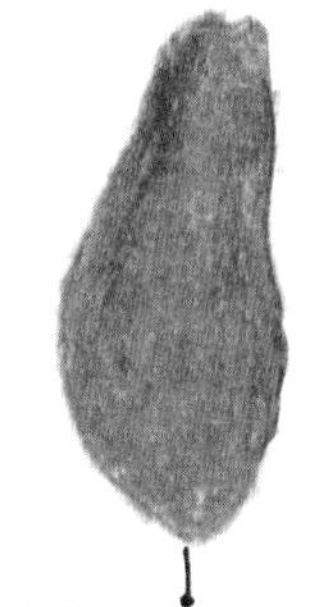

花瓣掉落一会儿就会变成褐色，烂掉

名师点评

紫玉兰是北京常见植物，作者观察并结合背景资料，进行了相对详细的介绍。其中，一些细节值得称道，比如，探讨了紫玉兰先花后叶的原因等，如果能加入更多自己的思考与观察，则效果更好。例如，作者提到紫玉兰的种子，但并没有提到它独特的果实，如果实地认真观察，一定会有所发现。作者版面设计工整，具有较高水平，画面安排合理，有不错的美术功底。

碗莲

◎ 薛泽琳

记录人：薛泽琳 12y

时间：9月30日
地点：家中水缸里
天气：晴

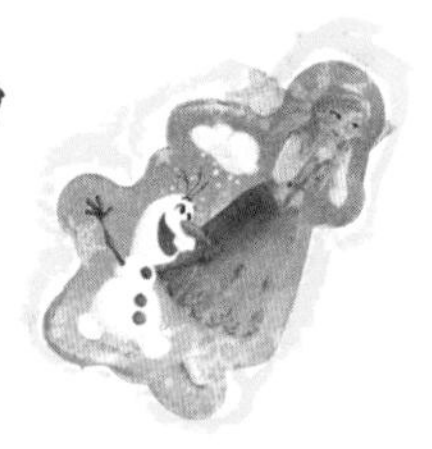

我在水缸里泡了一些碗莲种子，它们是黑色的，长出的芽是绿色的，上面有突出来的小点，摸起来有些扎手，荷叶漂在水面上，很漂亮，我发现荷叶怎样也不会沉到水下，就用手轻轻地把荷叶按下去，通过光照，发现它上面有一层像塑料膜的东西，我把压着荷叶的手指松开，荷叶立刻反弹回去，浮出水面。

花

荷叶

种子

因为我觉得在荷叶上的水珠很漂亮，所以我就用手往上lín了一点水，可水珠落到荷叶上就会往下滑，我就多撒了点水弄上去。水珠总算停在荷叶上了，我一碰荷叶，两三个水珠就合成一个大水珠，可是水珠一多它们就都会滑下去，非常有趣。

我很喜欢碗莲，最喜欢荷叶，因为它又好看又好玩。

名师点评

作者记录了自己种植与观察碗莲的过程，尤其针对碗莲的叶片，或将其按入水中，或在其上撒水珠，都记录了人与植物互动的过程。当然，如果能在诸多有趣现象的基础上，通过查阅资料，进一步给出解释，如荷花叶片的特殊结构等，则更富有科学意义。此外，碗莲种植并开花并不容易，作者可以再深入介绍自己的栽培过程，会有更多奇妙的故事。

教室里的海棠花

◎ 周小格

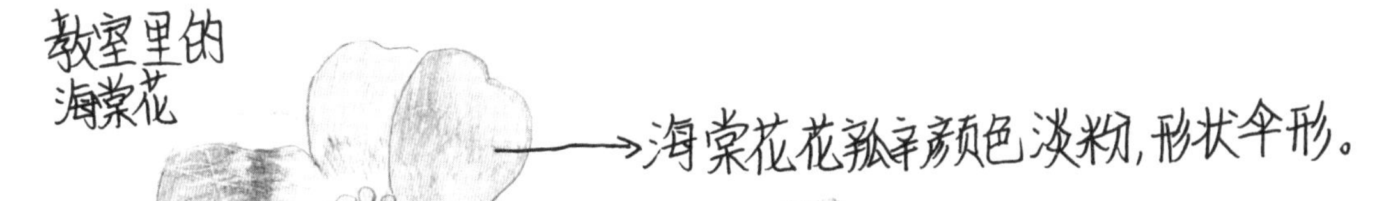

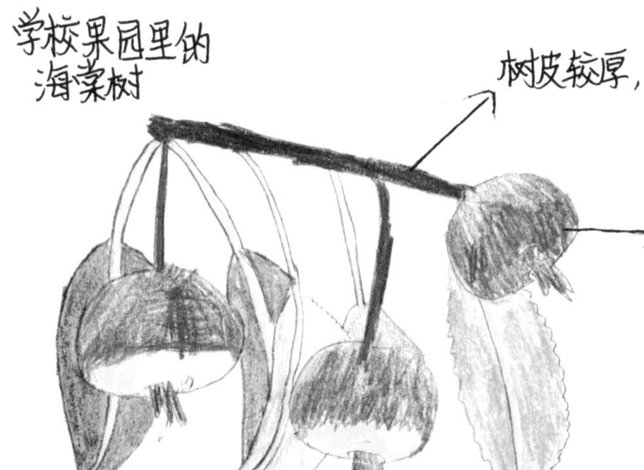

名师点评

作者分别在室内外观察了海棠的花与果，记录了观察地点与观察条件。对海棠花与果的观察，基本做到了科学细致，发现了一些细节，如叶片上的锯齿等，但如果能结合环境，例如观察并发现了花朵的香味，可以就此观察到底吸引了哪些昆虫前来传粉，这样就使观察笔记更加丰满，内容更为新鲜。观察海棠果，可以观察它宿存枝头的习性，以及是否有鸟类前来啄食等。

绿萝

绿萝

时间：2024年10月4日
天气：阴
地点：休闲公园
记录人：吴天奇

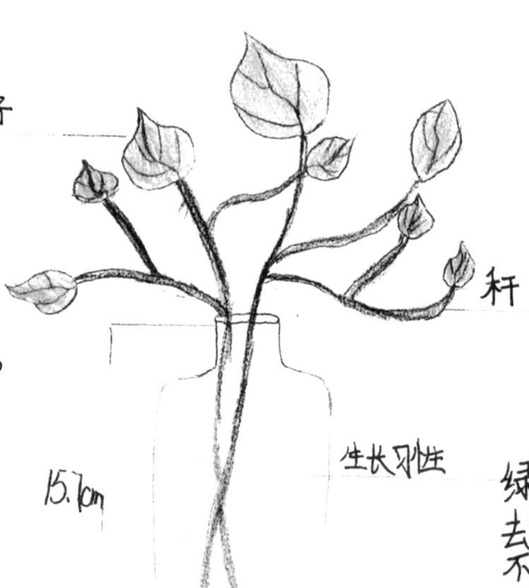

叶片的叶面通常为翠绿色，叶片比较薄。通常也会有黄色斑块。叶的形状有多种，一般是宽卵形，短渐尖，类似于心形。

绿萝的杆有极其强的缠绕性，只要在叶杆边竖一根牢固的树枝或一根木棍，它就可以顺着缠绕。

绿萝属于阴性植物，不能让阳光去直射，喜欢阴热或潮湿的环境。不过，不能太凉，越冬温度不能低于15℃。绿萝的生命力非常强，水和土都可以适应，一点都不挑呢！

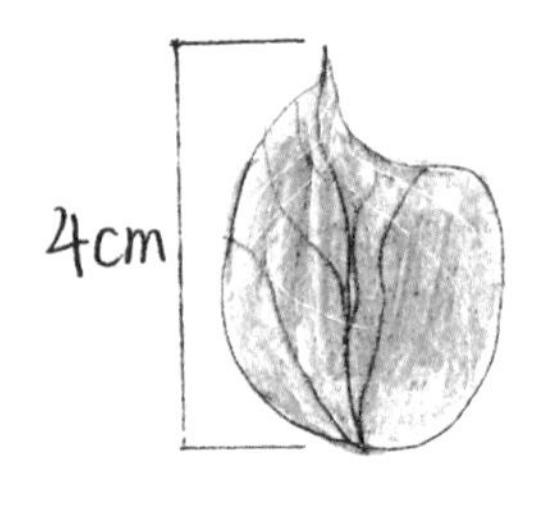

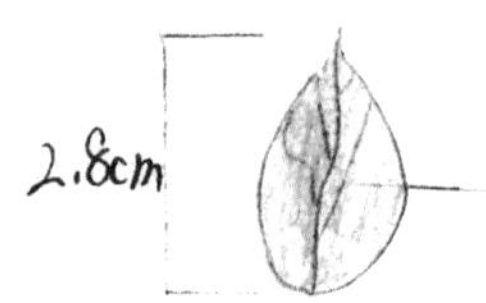

仔细观察你还可以看见叶子的纹理哦！

我观察的绿萝的叶子最大直径可达到4厘米左右，平均叶长2.8厘米左右，最小直径可达到1.4厘米左右。

发现过程

在去年冬天时我在公园中发现了这棵绿萝，当时这棵绿萝所有的叶子都黄了，于是我把这棵绿萝先带回了家，过了几周后，它的状态好多了，于是当天气稍暖和点，我就把它种在了一棵大树下，每天去照看它。

名师点评

作者记录了自己发现、养护、观察一株绿萝的过程，其中对绿萝叶片的观察很细致，做了较多测量，获得了有价值的数据，并以图文结合形式展示出来，值得点赞。在绿萝养护的描述中，可见作者亲自进行了实践，有自己的见解——如绿萝对土壤与支撑物的需求等。版面设计还可更有逻辑性，将绿萝的发现、带回家养护过程放在最前面，更符合时间顺序，可读性也更强。

荷花

◎ 周景瑜

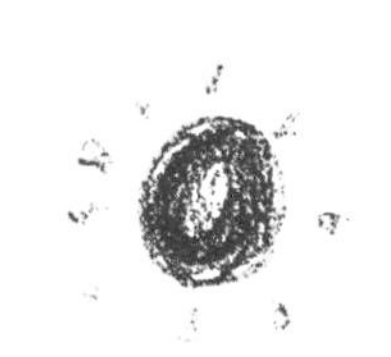

6月9日

三天后：
最外侧的花瓣打开，这个时期的荷花真美。

6月6日

刚入芒种，荷花还是个很小的小花苞。

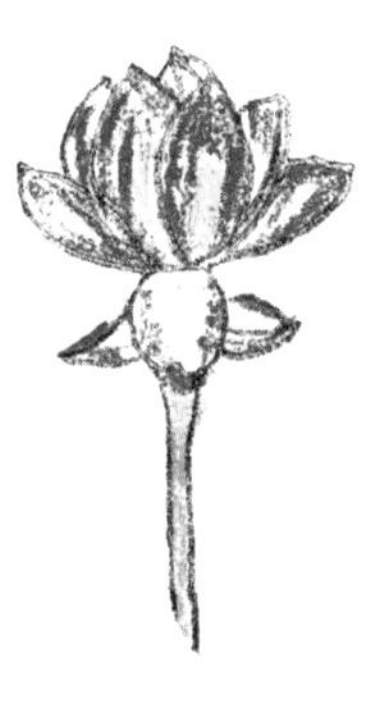

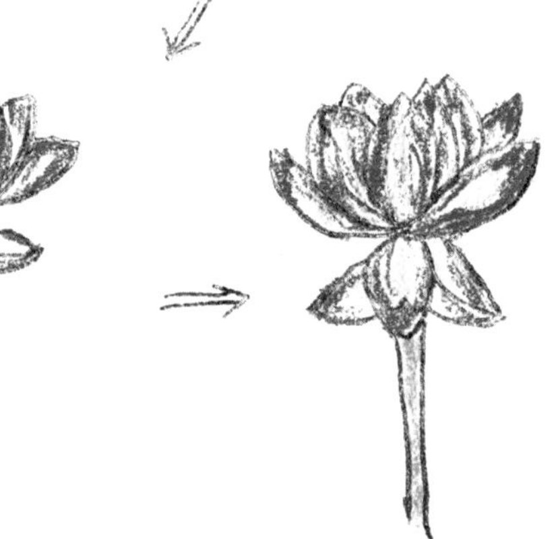

6月13日

外侧的花瓣开始耷拉下来，上面的花苞没有完全展开。

6月16日

上面的花苞打开的越来越多了，最内侧的花瓣向外张开，能看到中间的花蕊

6月20日

绽放！
花蕊全部露出

原本已经打开的花已经闭合了。
（傍晚）

名师点评

作者观察了一朵荷花的荣谢过程，内容聚焦而新颖。作者在一条时间线上选择六个节点，分别细致描绘了荷花的开放程度、花瓣形态，虽然简单，却有不错的科学价值。如果能再详细记录观察的地点、当天的气温与天气状况、周围环境的变化，提供这些基础的数据，则更能接近科学的观察记录。

扫码看视频

自然科学笔记

◎ 赵一柯

自然科学笔记

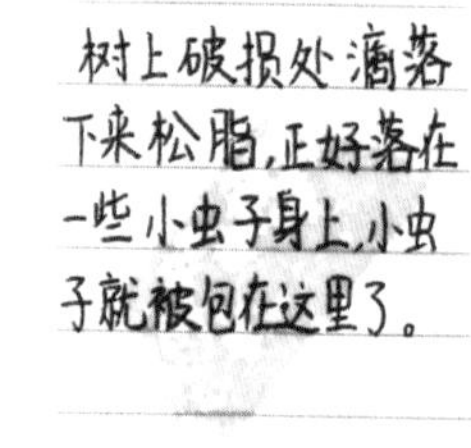

几百万年过去了……

松脂球淹没在沙子
下面，成了化石，形成
了琥珀。
树脂→硬树脂→琥珀

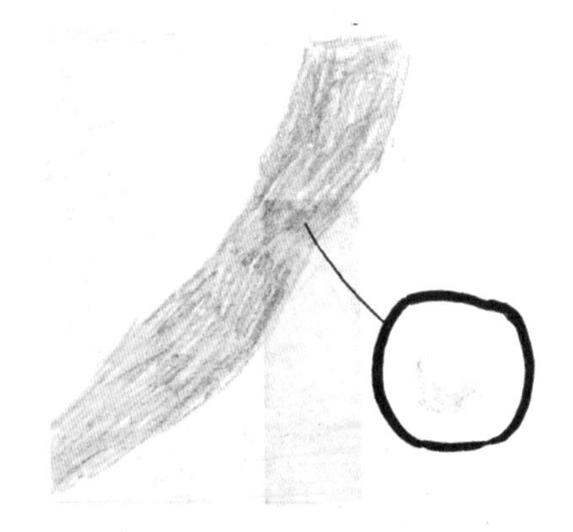

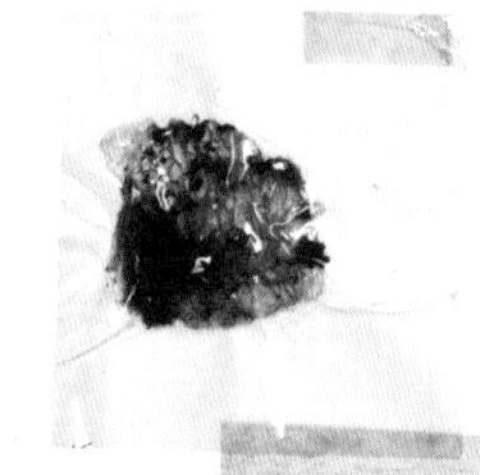

样　本

自然科学笔记：
名称：树脂（Resin）　应用领域：工业
颜色：黄色　特性：粘稠
研究时间：2021.5.9
发现：
这天，我发现树上破损处分泌出来了一些黄色的汁液，我用手碰了碰，发现上面很粘，爸爸告诉我这就是树脂。

观察时间：2021.5.9
观察地点：小区
观察人：赵一柯
天气：晴

名师点评

树木枝干分泌出的黏稠物质，可以笼统称为“树脂”，但其又有许多不同类别，如松脂、桃胶等，作者观察到桃树枝干上分泌的桃胶，进行了收集与观察。但如果能对树木种类进行鉴别、对树脂成分进行了解、再对桃胶的具体用途有一定了解，则更有意义。此外，如果能围绕树脂这一主题，去观察更多的树木如松树、柏树、构树等，能发现并区分许多不同的树木分泌物现象，则更有价值。

生物观察日记

◎ 田馨怡

生物观察日记

2021年7月1日下午开始种的含羞草。我先将种子放在水中浸泡3小时，让种子苏醒。种子也在2021年7月14日时出芽了，这时可以看出有两片圆圆的叶子，十分可爱。虽然现在还看不出是含羞草。

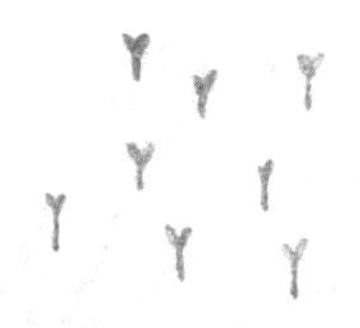

2021年7月28日，这时候含羞草已经长出第三片叶子了，长得依旧十分可爱，圆圆的小小的。虽然才见含羞草的端倪。这里的含羞草还有部分长长的叶子。好招人喜欢的小含羞草！

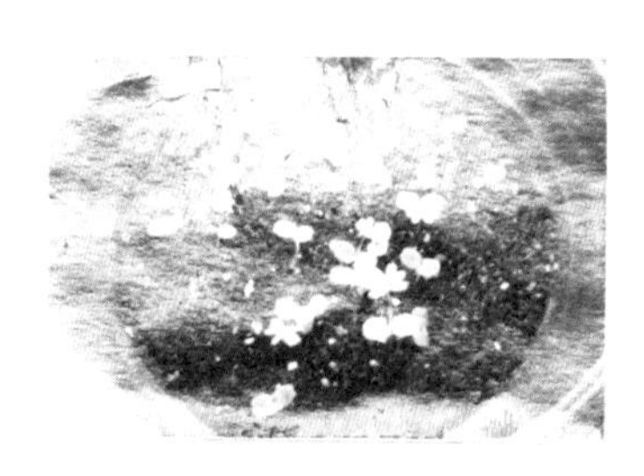

2021年8月13日，这时的含羞草已经比开始的样子要更加柔情了，长得密密麻麻，可见这株含羞草长势不错，很有特点，几十片小叶子组成，好似一个织布的梭子。就是因此显得可爱极了。

2021年8月29日，这时的含羞草已经完全的长大。手指轻轻一碰，叶子就合上了，显得格外娇羞动人。这含羞草真招人喜欢！

分享感受

我喜欢含羞草，是喜欢它那可爱、柔情的样子。手指轻轻一碰就收回的娇羞感。这点都是招人喜欢的。在种植的过程中，我每天细心照料，生怕羞答答的含羞草丢了或坏了。含羞草的叶子我也在观察时发现几个特点：叶子两边十分对称，虽然没有模板，但依旧给人整齐的感觉。这或许就是含羞草的特点所在吧！

名师点评

作者记录了自己播种含羞草的过程，真实、具体、细致，可见是作者自己亲力亲为的经验，有许多细节值得关注，如浸种催芽步骤、分株过程以及对含羞草初生叶的观察等。作者描述清楚简洁，穿插自己内心的感受，宛若一篇灵动的散文，科学性与可读性均较好。图文结合用心，照片、绘图穿插使用。结尾分享自己的感受，真实而细腻。

扫码看视频

圆叶牵牛

◎ 蔡韵晶

Day 1 10月2日. 阵雨

观察看日，只见此花：

- 叶片圆心形或宽卵状心形
- 顶端锐尖. 两面疏被刚伏毛
- 花序梗比叶柄近等长

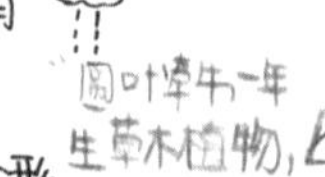

"圆叶牵牛一年生草本植物，旋花科。"

Day 2 10月3日. 小雨转阴

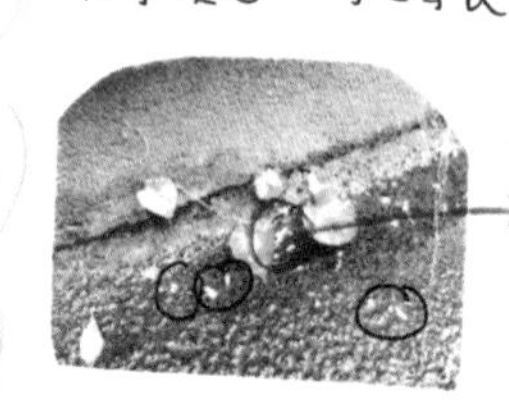

"呀，第二天怎么落于地。花蕊闭合。就……？"

次日观花，花瓣零星凌乱

昨夜下雨过大，猜想可能由于非自然脱落。

我是纯野生

光：太阳东升西落，午后可有充分光照。

观察地点：自家小区东侧小院东墙壁根处。旁边有小块花园。

湿：较温润（但中午较干燥）。

温：夏秋之交，温度适宜

水：①自然：今年多雨，雨水充足（十一期间尤为充足）。②人为：墙隙内或许多地下水十邻近花园（人为浇水）

思考……

"叶子仍顽强生长"

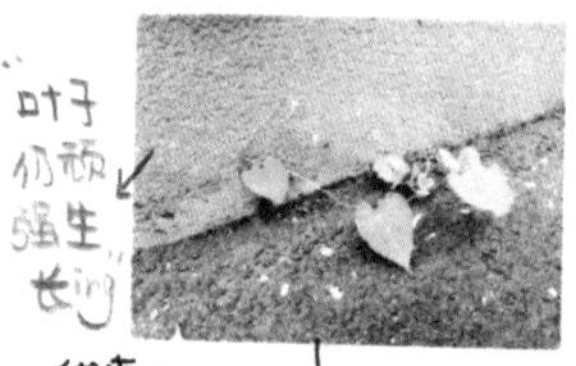

线索1：此圆叶牵牛为一年生花。

线索2：雨并不大，无力摧毁。

疑问 Q1：自然脱落？ Q2：花期结束？？

Day 4 10月7日

小雨转晴

花托慢慢张开，种子壳慢慢变黄变干。问题解决

Day 3 10月5日. 小雨

花瓣凋谢与什么因素有关？

小档案

圆叶牵牛（学名）：

- 界：植物界
- 门：被子植物门
- 纲：双子叶植物纲

喜：温暖湿润、阳光充足

"是自然脱落"

牵牛 顽强

花花语：不屈不挠

自己的小收获

希望我们向牵牛花学习它不向命运低头的精神，争做花之君子，国家栋梁！！！

（当然，有很多）

名师点评

作者选一株生长缝隙中的牵牛花作为观察对象，与众不同且颇具新意。按照时间顺序，如实记录观察结果、花开到花谢的描述、牵牛花战胜风雨的过程等真实具体。其中，作者准确标注观察日期、天气状况，体现出科学严谨的态度。文末一段心灵感悟，也自然真挚。版面照片与文字结合，以日期为主线，信息量很大，也注意用各种框线进行分割。总体略显凌乱，可以更好优化版面设计。

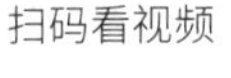

扫码看视频

自然笔记——牵牛花

◎ 辛梓墨

植物类

◎ 7~9年级组 ★★★★

牵牛花

物种：牵牛。属旋花科牵牛属，一年生缠绕草本。

地点：这棵牵牛长在顺义野外，缠绕于一棵杨树上，扎根于树前的土地中。彩色画面截取了其中一部分呈现。

天气：多云。　时间：2021年10月5日

该牵牛高约两米，有约27朵花。同时它与另一种植物相缠绕，共同缠于树干上。(另一种植物叶小而扁圆)它茎上有白纤毛，花朵桃红色，花苞皱成一团，呈不规则状，叶子心形，有些叶子干枯，茎互相缠绕。

牵牛花是种不算罕见的植物，它们扎根于土壤，缠上一切事物，努力向高处爬，努力活下去，这株也是如此。我们人类也应学习它这一份不服输的精神，纵使命运不公，也要脚踏实地，向着成功努力。

自然笔记

作者观察记录了一株牵牛花，绘制了自然笔记，文字介绍比较详实。仔细阅读文字，发现作者的观察认真又仔细，尤其是清点了花朵的数量，发现有约 27 朵花，这是非常可贵的科学务实精神。同时，作者还观察并记录了另一株与牵牛花共同缠绕的植物，虽未能定名，但符合野外植物的生长特点，是许多自然笔记作者没有提到的现象。版面设计简洁清楚，图文结合亦可再灵活一些，阅读效果更好。

名师点评

扫码看视频

自然笔记

◎ 丁妙琦

地点均拍摄、记录于 昌平区 延寿镇
时间：10月7日
天气：晴天

物种：苍耳（本株约高一米）（菊科）

一年生草本植物，7~8月开花，9~10月结果

果实（如图）：有着钩状硬刺，可"粘"在动物或人身上，故易于传播种子，进行繁殖。

多生于路边、水沟旁、田边等地。

物种：牵牛花（旋花科）

一年生缠绕草本植物

花形似喇叭，故又称喇叭花。叶片似心形（）

牵牛花喜光，耐热不耐寒，多生长于灌木丛、山地，或有栅栏处（为爬藤），有粉、紫、蓝等颜色。

物种：蜻蜓（昆虫纲）——蜻科、蜓科（二者不同！）

无脊椎动物，肉食性动物

对人类有益（捕食蛾、蝶、蚊子等）

繁殖："蜻蜓点水"，将卵产于水中。

品种：全世界共约有5000种！

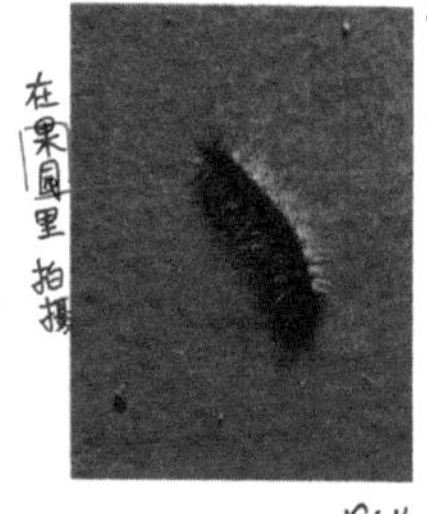

毛丛

物种：美国白蛾幼虫

属于入侵物种之一，成虫全身通白，是蛾类。

幼虫（如图）在2021年国内泛滥，它啃食树叶、树皮，繁殖速度极快，一般为淡褐色，细长呈筒形，背部有毛丛（毛毛虫），喜湿润、光线较暗处。

物种：佛手瓜（葫芦科）

果实（如图）：梨形，果肉为白色

繁殖特点：种子（即果核）可直接在瓜内发芽，称为"胎生"，当然也可正常进行播种繁殖。

（在电线杆旁拍摄）

多生于向阳处，喜光，果实有5条棱 => 俯视

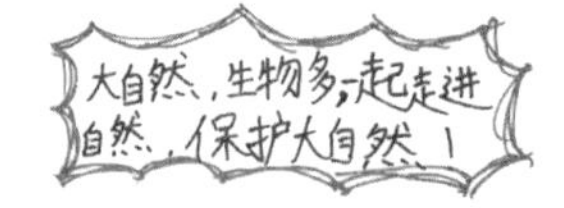

名师点评

本作品由五个物种的观察笔记共同组成，物种植物都是良好的自然观察对象，其中美国白蛾还是近年来北京面对的一种重要害虫。作者的内容详备，具有一定的调查能力与科学素养，如对苍耳、白蛾的描述，以及对"蜻科"与"蜓科"的区别，具有自然科学功底。本作品涉及面较广，内容信息量大，以图文结合方式，展示比较清晰，如果能再描述一下当时的环境特点，例如在何处发现白蛾，其危害如何，则内容更加丰富。

扫码看视频

自然笔记——野生植物

◎ 龚祉宜

时间：2021年10月2日
地点：十渡三渡乐谷银滩
天气：多云，小雨
物种：卷柏、金发藓
个人感想：通过这次小旅行，我看到了许多野生动植物：仔细观察了许多的植物，并上网查找了相关资料；给许多动物拍了照片留念。我主要记录了金发藓、卷柏，还有很多其它的苔藓类、蕨类植物。

在旅行中，对动植物的观察让我明白了人和野生的动植物是可以和平相处的。只是有一些人会乱扔垃圾、随意搞走，严重影响了动植物的生存环境，所以我们一定要爱护环境。但同时，也要走近大自然，关注大自然，在城市以外的地方学习新知，在大自然中成长

名称：卷柏
属卷柏科、卷柏属
描述：生长于土上，呈垫状，高5cm左右。叶长3cm左右，叶面平直，无卷曲，侧叶不对称。
生殖方式：孢子生殖
生长习性（资料）：抗旱力极强，干时内卷成卷，有水分时舒展开来，盛夏怕干烧木，冬天扣水。耐瘠薄，通常不需施肥

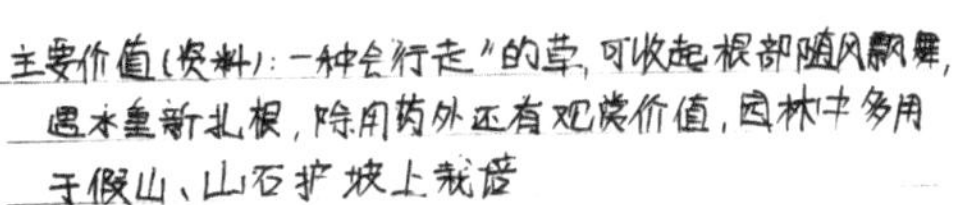

名称：金发藓
属苔藓植物门
描述：植物体高1cm，无根，呈分散状分布。生长在土、石头上，叶较硬，叶片很小，一株有多片叶子附着。旁边有灰藓属植物混生
生殖方式：孢子生殖
分布范围（资料）：藓纲金发藓亚纲金发藓目的代表种。外型粗壮而犹如松杉类幼苗，在营养器官和繁殖体两方面均系藓类植物中最为复杂的类型，广泛分布于全世界

名师点评

本作品的观察目标，是较少见的野外山地植物，作者找到北京山野中的卷柏与金发藓，是很好的自然观察目标。结合背景资料，作者提供了较为详备的描述，照片拍摄清晰。在介绍中，如果能再细致介绍卷柏与金发藓的生长环境，特别是温湿度、隐蔽度及伴生植物情况，则内容更加具体丰富。对观察地十渡三渡乐谷银滩的生态环境，也应作调查与阐述。文章中对植物、环境与人的感悟，贴切又自然，值得赞赏。

自然笔记——秋季植物的果实和种子

◎ 陈姜妍

自然笔记

——秋季植物的果实和种子

橡子，学名栗茧，指栎属植物的坚果。

我们在小路上看见了许多掉落的橡子，外表硬壳，棕红色，内仁如花生仁。路旁生长着许多瘦高的橡树，枝头的果实都已掉光。

橡子是号称比小麦、水稻"资格"还要老的粮食，它被人类食用的历史至少可追溯到公元前600多年。橡子含有丰富的淀粉、蛋白质、脂肪等营养物质。橡树能适应广泛的气候和土壤条件，分布广泛，生长迅速，在荒山野岭、沙丘薄地均可栽种。

黑枣，别名野柿子，学名君迁子，是柿树科、柿属植物所结的果实，是柿子的"亲戚"。我们在半山腰的一棵树的枝头发现了它。树较高，枝头在绿叶的掩映下有一些橙黄色的果实，形如枣，但顶端蒂和颜色类似柿子。

黑枣

黑枣刚结果时果皮是淡黄色的，随着时间的推移慢慢变黑，在冬天成熟。鲜果非常涩，但在树上经过长时间的风干逐渐变黑以后，就变得非常甜，成为美味的零食。

感悟：人生也如黑枣，只有经历风吹雨打才能蜕变为不一样的自己，体味人生的甘甜。你经受的那些磨砺终将变成你内心的能量和财富，"曾益其所不能"。

酸枣，鼠李科枣属植物，是枣的变种，多为野生。我们在山坡上和地势较高的山涧里都发现了这种植物。果实小而红，枝上有刺，我们经人介绍还尝了一下，皮厚肉薄，酸甜，内含一枚圆形种子。它具有很大的药用价值，可治疗神经衰弱、多梦、盗汗等病。

名师点评

作者记录了自己的一次植物发现之旅，所找到的三种植物都是很好的观察对象。作品文字较多，叙述流畅，宛若一篇游记。其中有许多不错的知识点，例如通过背景资料，发现橡子是古老的粮食作物；黑枣的鲜果很涩，经过长时间风干后变甜；鼠李具有不错的药用价值，等等。但自然笔记重在观察，如果能更好地加入自己的观察内容则更好。作者还穿插了一段由植物引发的人生感悟，具有一定的思想深度。

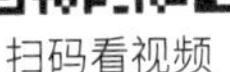

扫码看视频

向日葵

◎ 张钰森

种下向日葵籽，大概过了3－4天时，种子开始生根发芽。

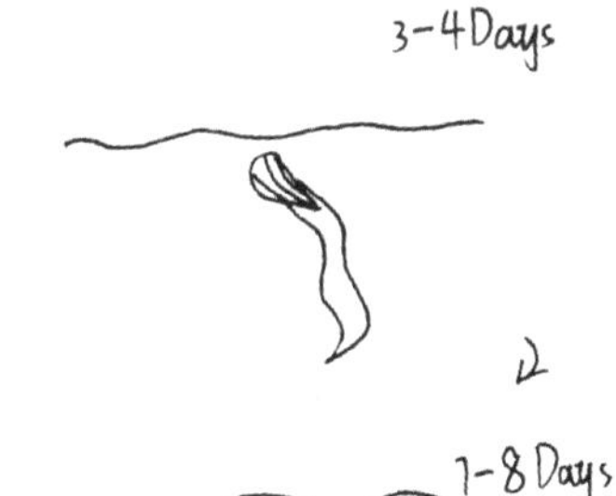

7-8天时，向日葵就会长出两片嫩芽，破土而出。半个月左右叶片就会多出几片，最初的叶片会枯黄。

底部的根长得越来越多，越来越快。

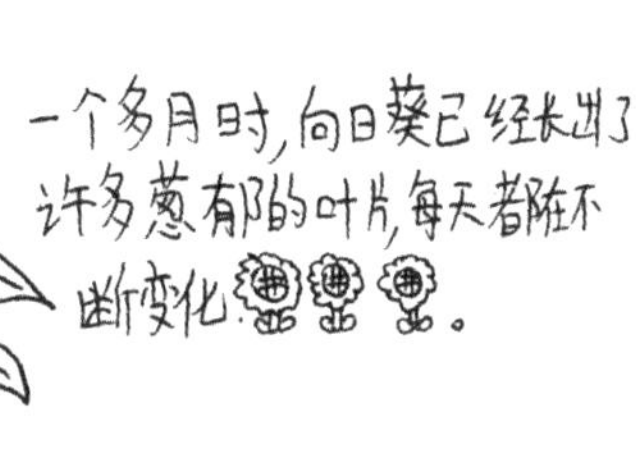

一个多月时，向日葵已经长出了许多葱郁的叶片，每天都随不断变化。

经过两个月的时间，向日葵终于结出花苞，过不了多久就会开放。

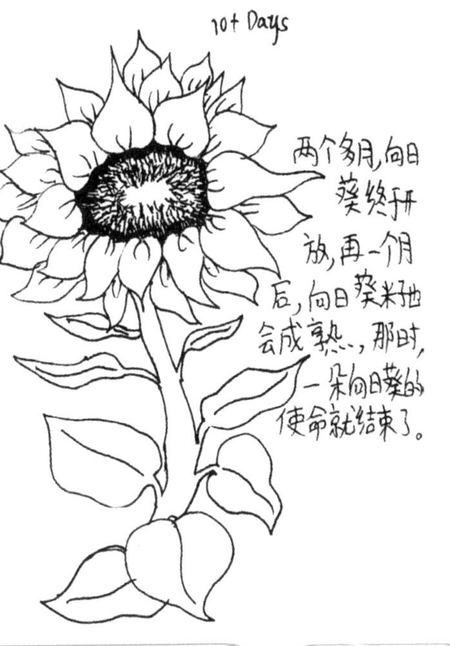

两个多月，向日葵终开放，再一个月后，向日葵籽也会成熟，那时，一朵向日葵的使命就结束了。

向日葵是桔梗目，菊科，向日葵属的植物。因花序随太阳转动而得名。一年生草本，高1－3.5米，最高能达9米，可结果，称葵花■籽。主要的野生栖息地位于草原及干燥开阔的地区，但在阳光充足，湿润的、受干扰的地区生长更好。

名师点评

作者详细记录了一株向日葵从种子萌发到开花结果的过程。时间节点选择准确，图文结合，清楚明了，配合背景知识介绍，内容比较完备。建议作者加入种植时的更多细节，如播下多少粒种子，发芽率如何；生长是否一致；开花与结果是否早晚不同；在不同光照条件下培养，向日葵的生长如何，等等。这些内容可以提供更多的细节。此外，背景介绍中的一些信息，还应更加精准，如“主要的野生栖息地位于草原及干燥开阔的地区”，可以查询向日葵的原生地，进行更科学的阐述。

旅行中的植物观察

◎ 陈越

名师点评

作者记录了四种旅行中的植物，也是北方常见植物，结合背景资料，给出了较为详备的介绍。每种植物都标注拉丁学名，可见优秀的自然科学功底。图文结合较好，图画绘制很精美，也很准确，版面视觉效果好。内容除详实的背景资料外，如果能再加入自身的观察心得，以及植物的细节，还有植物生长的环境，则能使作品更加充实优秀。此外，注意大赛要求观察本地生物。

冬天的海棠

◎ 赵若安

名师点评

观察目标选取独特，冬季海棠是常被人忽视的风景，也是北京园林重要的冬季景观，同时也是冬留鸟的重要食源。小作者对海棠动态的观察较准确，表现出海棠果成簇下垂的形态，在本年龄段同学中较为难得，尤其对落地海棠果也有描绘，体现出对目标整体及环境的观察。图文结合较好，版面安排合理。冬季海棠的颜色本以灰、红为主，作者此处描述准确。通过“海棠果掉了”“枝条弯弯”等词句是带有情感的描述，表现出小作者对自然的热爱。

荷花

◎ 纪一一

扫码看视频

7.18 雨日

荷花是中国十大名花之一。荷花源于亚热带。

名师点评

观察目标选择荷花，是北京广泛种植的水生植物，也是构建湿地生态系统的重要组成部分。作者同时描绘了荷花上的鸟类与蜻蜓，意识到了生态系统的整体性，值得点赞。此外，作者还描绘了荷花、莲蓬、荷叶及其他水生植物，观察能力强。小朋友具有一定绘画功底，在同年龄参赛者中描绘细致，但图文结合略显简单，如果能结合绘图，多介绍一些荷叶、荷花、莲蓬等各部位的形态特征则更好。本作品整体上可以体现出作者对自然的兴趣与关注，虽然没有多少情感的表露，但从鸟类与昆虫的动势，可见作者内心的喜悦。

扫码看视频

龙爪柳

◎ 王婉淑

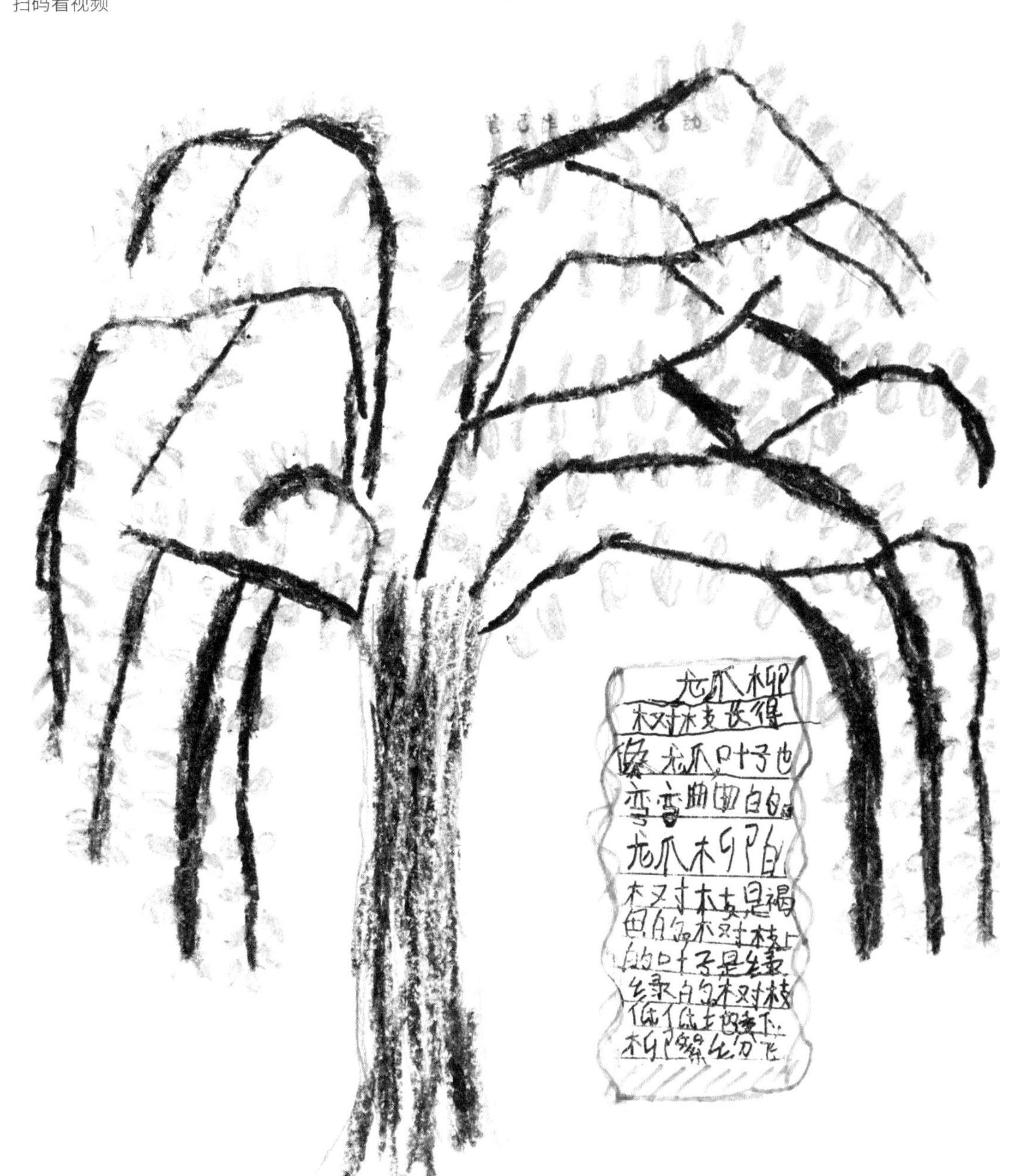

名师点评

观察目标选择龙爪柳，一种极富特色的柳树，令人眼前一亮。作者的观察较为细致，主要体现在文字描述中，对龙爪柳的枝、叶、柳絮都细致地进行了观察，虽然在绘图中并未完全展示出来，但基本反映了龙爪柳的特征。在绘画方面，如果能更加细致，特别是要区分龙爪柳粗壮的主枝与当年生嫩枝，则更好。在同年龄参赛者中，作者的描述更加详实，也提供了较多的背景资料，如果在描述时适当加入自己的思考与情感，则能使表述更加丰满。

农作物类

红薯——旋花科植物

◎ 宋宇瞳

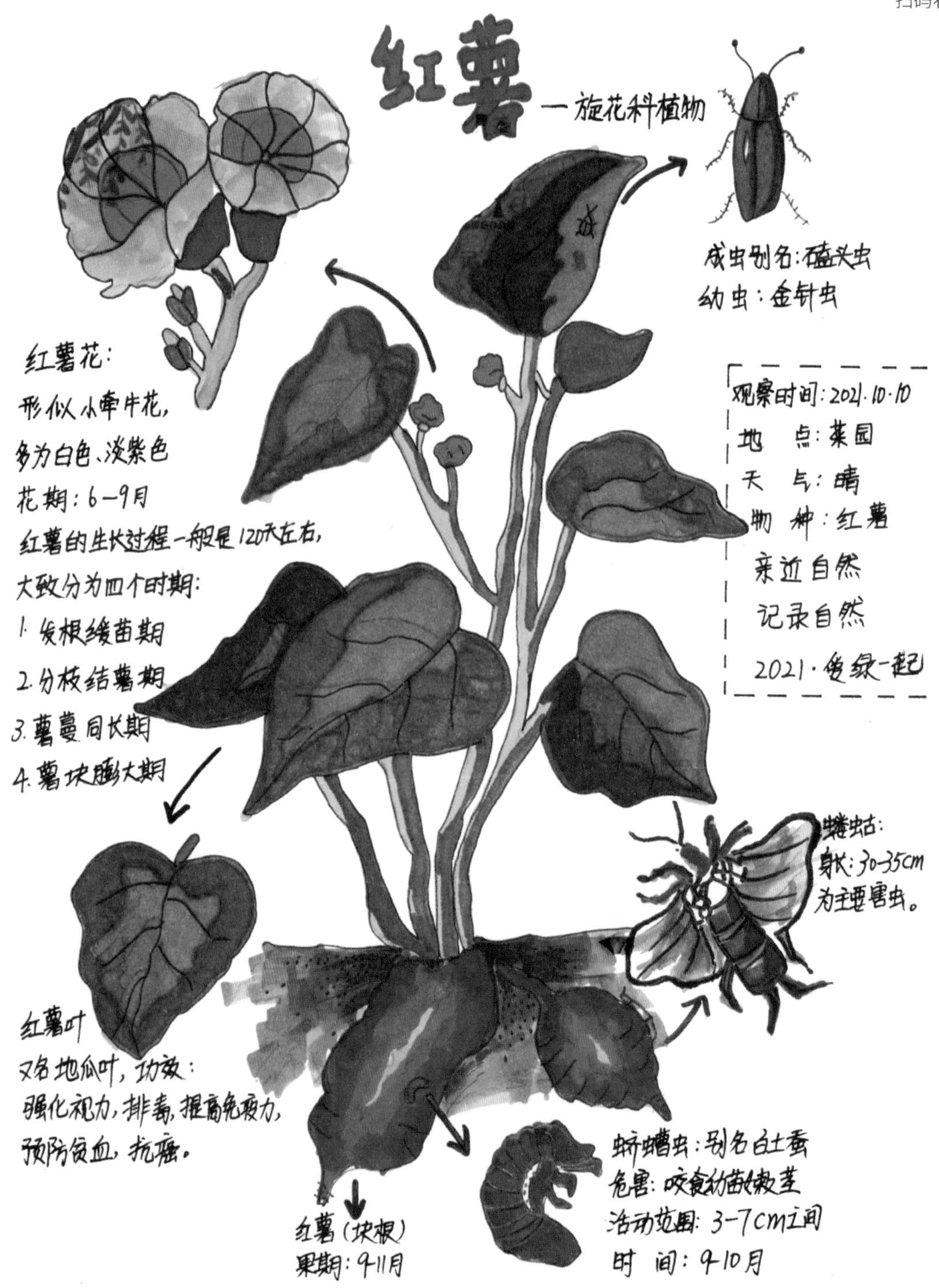

名师点评

作者观察并描绘了红薯的形态与特性，图文结合，画面精美。其中，作者用了大量篇幅，介绍了红薯的三种主要虫害。此外，对红薯四个生长时期进行介绍。如果再增加一些自己的观察体会、细节乃至在红薯种植地的探索过程，则内容更加丰满自然。

八棱海棠

◎ 孙茁葭

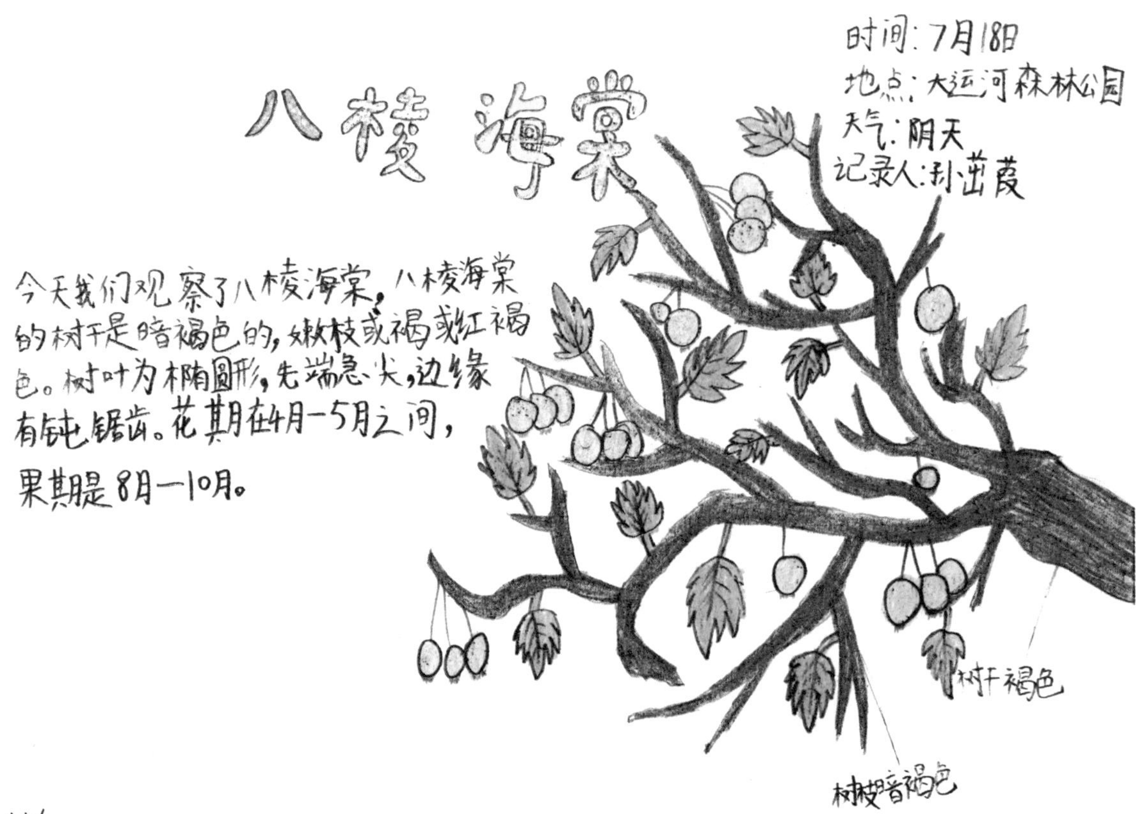

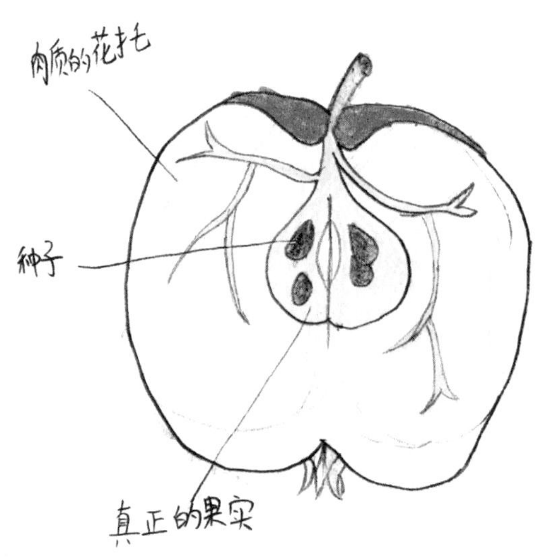

果实一般在8月—10月间成熟，在8月之前果实是青色的，不能吃。但是在8月之后果实成熟会变成红黄相间的颜色，一直到10月。

作者选择观察的八棱海棠，是别样的自然观察对象。结合背景资料，作者给出了相对详备的介绍，对果实的解剖，也很细致。如能加入更多观察的细节，如八棱海棠的生长环境、是不是当地的主要经济作物、与普通海棠的区别，等等，特别是其名称的由来：何为“八棱”？这些问题可以再深入研究，能使作品更有深度。

扫码看视频

草莓

◎ 张金蕾

①周末，我跟妈妈买回来几粒草莓种子，我们一起种到土里。

②经过我悉心的照料、松土、浇水，种子长出了嫩绿的叶子，漂亮极了。

③没过多久，绿叶中冒出了几朵草莓花，花中间还长着毛球一样的东西

④又过了几天，花瓣凋谢了，草莓越长越大，颜色越来越红，终于草莓成熟了，酸酸甜甜的味道好极了。

花的结构

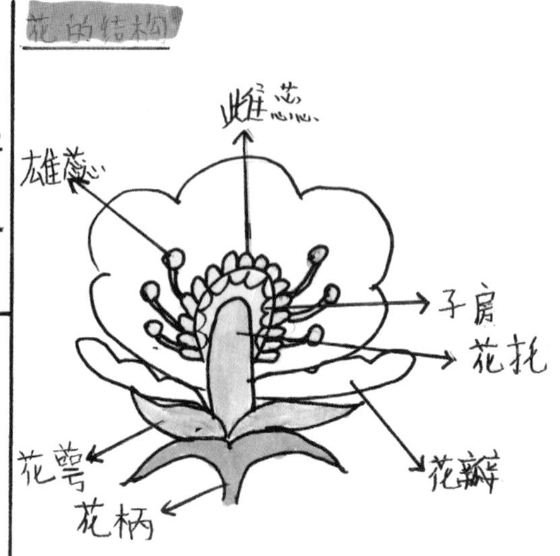

草莓的营养：有维生素C、苹果酸、柠檬酸、维生素B1、B2，以及胡萝卜素、钙、磷、铁

草莓的功效

- 改善肠道
- 排毒消炎
- 保护视力

小朋友们一定要多吃草莓噢！

名师点评

作者介绍了自己种植草莓的过程，简单清晰，颇具可读性。背景资料选择介绍花结构以及草莓的营养价值。种植过程分为四步，如果能再多增加一些细节：如草莓种子的发芽率，发芽时间，幼苗是否进行了移栽，结果率如何等，则更加贴近实践。作者绘图清晰美观，版面设计清雅，给人温暖积极的感觉。

扫码看视频

水果中的维C之王——刺梨

◎ 穆南悦

时间:2021年8月11日
地点:四川省遂宁
天气:晴
记录人:穆南悦

水果中的维C之王
——刺梨

开花

盛开的刺梨花为鲜艳的粉红色,每一朵花都有五片花瓣,每一片花瓣都长的像心形。中间为金黄色的花蕊,分布有很多花丝和花粉。

花落

结果

成熟

不成熟的刺梨的颜色是绿色的全身布满肉刺,而成熟的刺梨的颜色是金黄的,也全身布满肉刺,果实肉质肥厚营养丰富,味甘甜微酸。

树枝上都长满刺,叶子为对称生长。

名师点评

刺梨是久负盛名的高营养水果,但许多人无缘亲见,作者将其作为自然观察对象,颇有新意。结合图画,作者根据观察介绍了刺梨的花与果实形态,内容简洁真实。如果能再介绍刺梨的生长环境、当地的产量等信息,则更有价值。绘图努力展示刺梨的各个主要结构,如果能分别绘制,以多图配合小段文字,则版面设计更加灵活美观。

扫码看视频

南瓜藤

◎ 王子娇

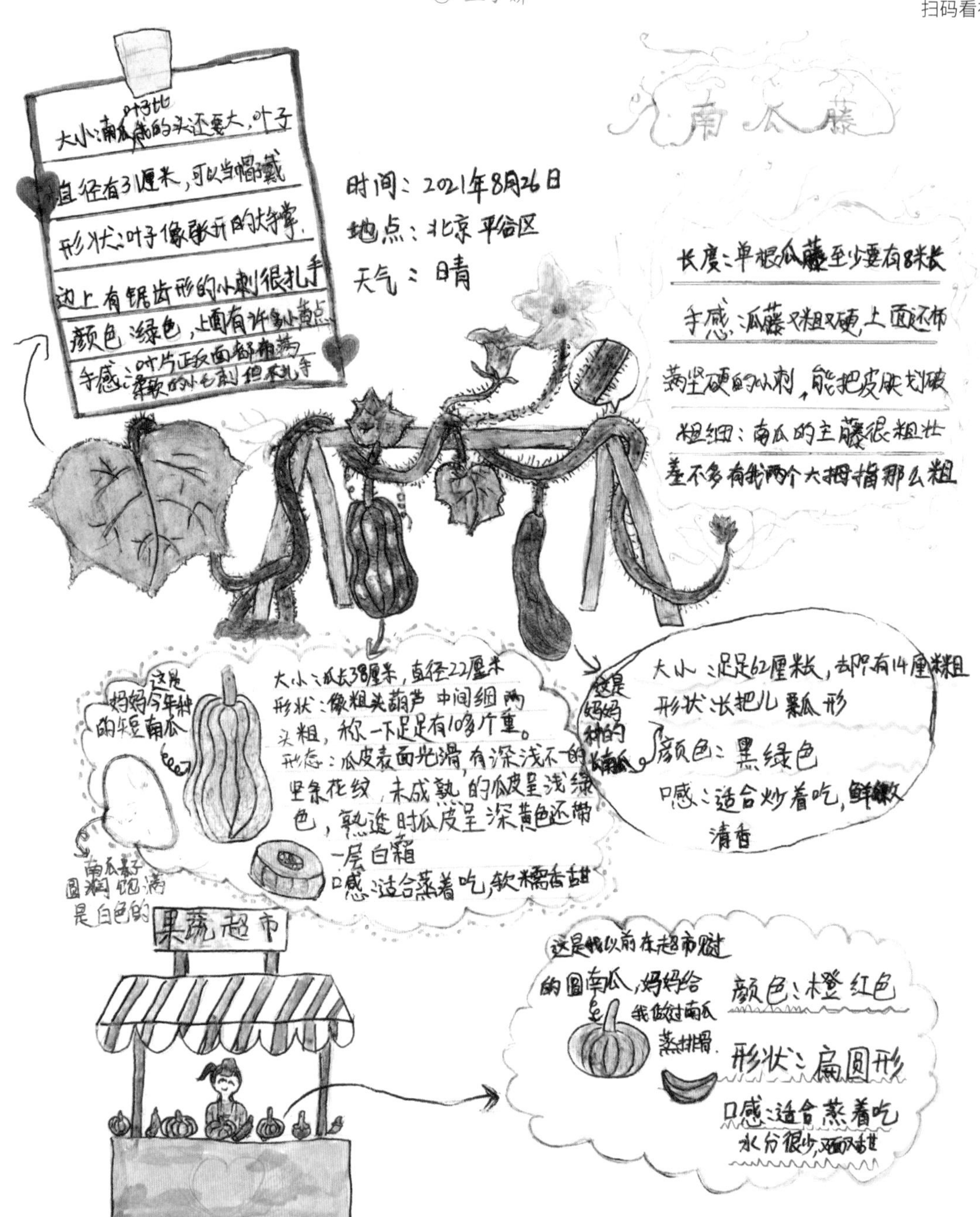

名师点评

作者观察对比了大小两类南瓜，描述了许多有趣的细节。如对南瓜叶直径进行了测量，并和自己的头部进行了有趣的对比；对南瓜藤上的硬刺进行触摸，发现“能把皮肤划破”；对南瓜进行了称量，“足有十多斤重”。作者的语言轻松潇洒，风趣又不失文采，是一大亮点。作品信息量很大，图文结合紧密，如果能适当调整版面，使信息流更加顺畅，可提高内容的可读性与逻辑性。

五彩椒观察笔记

◎ 李尔西

五彩椒观察笔记

2021.4.10—2021.9.19 北京家中

2021年春天，我在家里种下了五彩椒的种子，并观察记录了它的整个生长过程。

①播种：2021年4月10日，种子入土，种子为灰褐色，如芝麻粒大小。

②发芽：2021年4月22日，播种12天后，种子破土而出。（发芽幼苗）长出2片扁长的子叶，是嫩绿色的，柔柔弱弱的。

③长叶：2021年5月16日，大多数幼苗长出4－6片真叶，叶互生，为嫩绿色，叶脉网状。

④开花、结果：2021年7月7日，五彩椒开始开花，花白色，有5瓣，整体像纽扣大小，花萼浅绿。

每朵花有1个雌蕊（黄色），五个雄蕊，花药浅紫色，花朵害羞地朝下。

①播种 ②发芽 ③长叶 ④开花、结果

2021年7月14日，五彩椒开始结果。开始时果实为绿色，后来出现了黄色、紫色、橘色等，最后都变成红色。果实光滑，下大上小，顶头尖尖。五彩椒五颜六色非常美，味道和普通辣椒差不多。

秋天来了，五彩椒虽然还在顽强地开花结果，但也渐渐枯萎。

名师点评

作者介绍完整的五彩椒种植过程，时间线清晰，描述具体准确，可见是亲历亲为的实践。在描述过程中，作者既有自己的语言，如“种子为灰褐色，芝麻粒大小”，也有一些严谨的科学术语，可见作者具有较扎实的自然科学功底。种植过程完整性好，从播种至最后秋天五彩椒渐渐枯萎，都有观察描述。绘图较清晰。如果设法将大段文字与图片穿插排列，则画面效果更好。

西瓜生长记

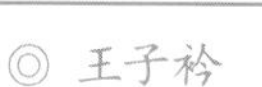

晴

时间：2021年7月15日

地点：奶奶家的西瓜地

记录人：王子衿

西瓜生长记

放暑假的第一天，天气晴朗，妈妈提议去奶奶家，我拍手称赞，因为我已经三年没有去过遥远的奶奶家了。我们刚到地方映入眼帘的不再是小小的房子了，而是大片大片的西瓜地。

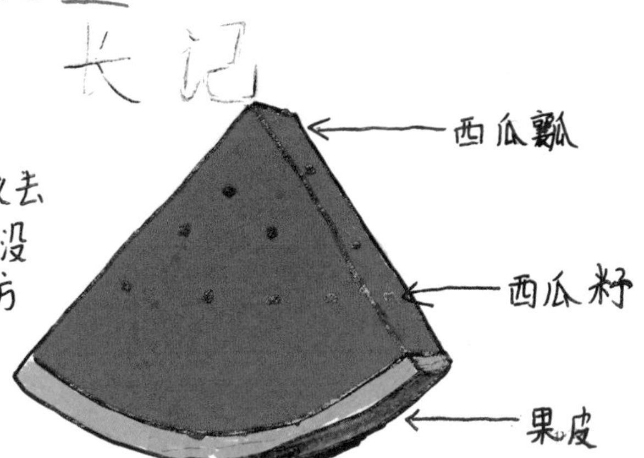

就看见的几秒钟里，我对西瓜感兴趣了，我通过查询知道了：西瓜属于一年生蔓性作物，从种子到种子为一个生育期，全程一般需100~120天。

西瓜的作用有：

1. 解暑
2. 治中暑
3. 西瓜籽有助于降血压
4. 西瓜皮经过调制可以煮汤、做菜

名师点评

作者叙述了一次在奶奶家瓜田的观察经历，真实可感，读来自然流畅，很有生活气息。对西瓜的介绍比较详实，涉及生长周期与作用，较有价值。如果能再仔细观察西瓜的茎叶、花朵、根系等结构，以及西瓜地中的昆虫与微生物，则更有深度。作者绘图清晰准确，版面设计干净大方，信息传达效果好。

扫码看视频

◎ 刘景瑜

蛋茄的生长

日期：5月1日——5月5日
天气：多云转晴
内容：今天我的小蛋茄终于发芽了，经过五天的努力，蛋茄的种子已经长出小芽了，小芽是嫩绿的，茎的下方有点白。

长叶

日期：5月6日——5月29日
天气：小雨——晴
内容：我的小蛋茄经过差不多一个月的生长，长出了7片多大叶子，叶是深绿的，摸起来毛绒绒的。

开花

日期：5月30日——7月3日
天气：阴转晴
内容：小蛋茄经过两个月的生长终于长出了淡紫色的茄子花。那朵朵小花就像是淡紫色的小喇叭一样。

结果

日期：7月3日——9月5日
天气：大雨——阴——小雨——晴
内容：经过了数月的拼搏，小蛋茄最终果然结出了像鸡蛋一样的小茄子！

名师点评

作者记录了一次成功的盆栽播种实践，从播种到结果，时间线清晰完整，每个时间节点以照片加文字的形式描述，比较清晰详备。如果能将播种过程也算入，则更加完整。作者的观察比较细致，如发现幼苗茎下方有点白色，这是必须亲历观察才能发现的细节。如果能再结合一些背景资料，介绍一下所播种蛋茄的基础知识则作品更加完整，可读性更强。

豆芽的生长过程

◎ 霍嘉丽

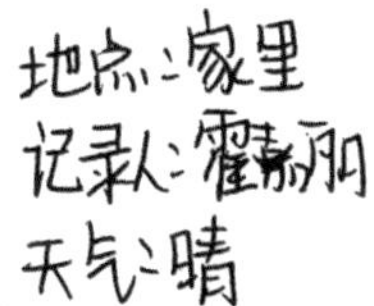

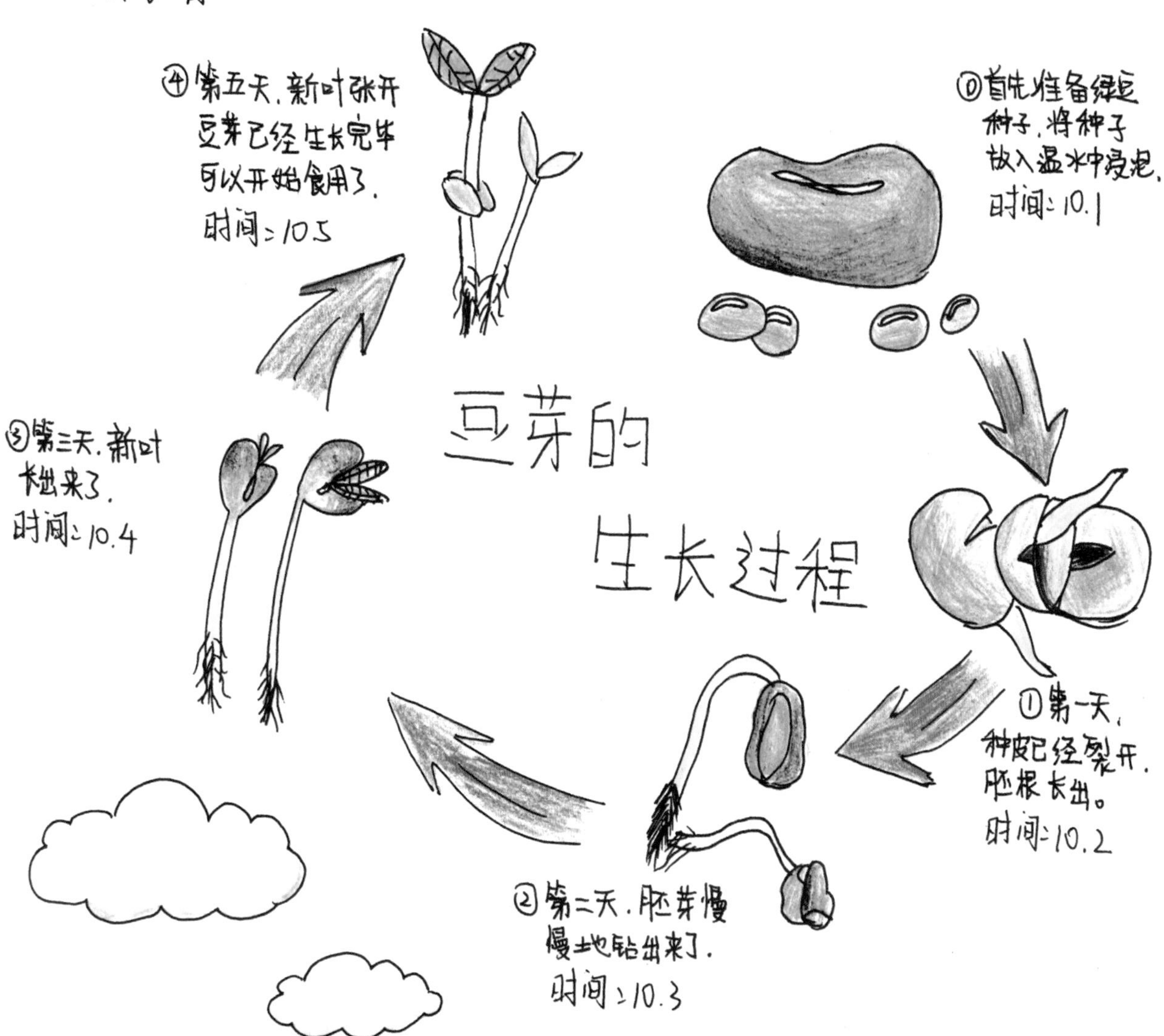

名师点评

作者记录了泡制豆芽的全过程，时间轴清晰，每个时间节点以图文结合形式展示，简洁明了。但如果能给出更多操作细节，比如：泡制使用了多少绿豆，平均出芽率是多少，绿豆的发芽通常时间并不一致，最快发芽与最晚发芽之间的间隔时间是多少，等等。此外，绿豆芽根系也同时发育，作者也应同时记载根系的发育情况，并与豆芽的发育同步对比展示，更能完整反映豆芽的生长状况。

泡制豆芽

◎ 刘泽琪

第三天，嫩芽越来越大，如同舌头一般卷缩着，里面的肉好像将要撑开了一样。

第二天，豆芽长了出来，把皮撑破，白白嫩嫩的肉出现在眼前，有些因为营养不足，嫩芽还未出来。

第四天，肉已经撑破了皮，嫩芽变细了，长的如胡须一样，它们在水中欢乐地笑着。

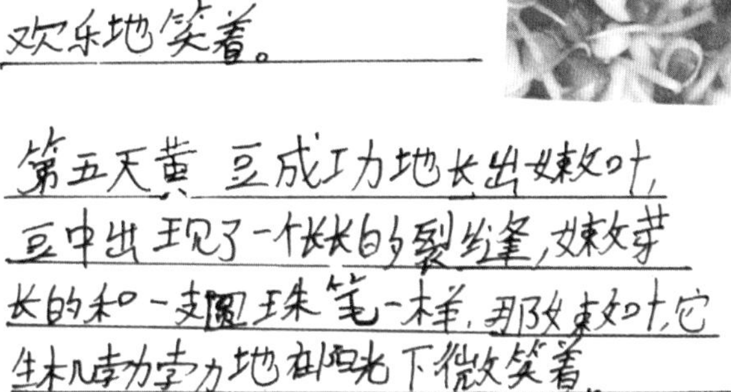

第五天黄豆成功地长出嫩叶，豆中出现了一个长长的裂缝，嫩芽长的和一支圆珠笔一样，那嫩叶，它生机勃勃地在阳光下微笑着。

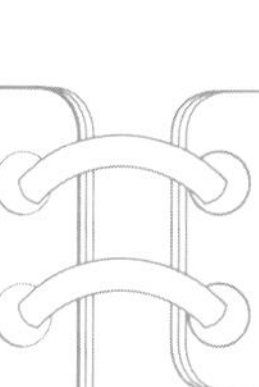

名师点评

作者展示了泡制豆芽的过程，从第二天至第五天，构成了一个相对完整的时间序列。从科学角度出发，第一天即使没有变化，也应算入实验并记录。作者的观察较为细致，文字表述也清楚生动，大量比喻与拟人手法使描述栩栩如生，配合清晰的照片，成功描述了豆芽的变化。如果作者能再搜索一下背景资料，更多了解绿豆及豆芽的泡制原理，提供更多信息，丰富实验的理论框架，则更好。

自然笔记——火龙果树

◎ 赵梓翰

观察日期：7月～10月　观察 记录人：赵梓翰
观察地点：家里
天气：多变

自然笔记——火龙果树

1.播种

火龙果的种子，呈水滴形，像黑芝麻。

2.发芽

火龙果发芽了，它的叶片肉肉的，鼓鼓的，绿盈盈的。

3.成长

叶片中央长出了一颗小圆球，圆球上还长着点软刺。

4.继续成长

小圆球慢慢长长，刺慢慢变硬，像一个仙人掌。长成了一片小丛林。

叶子：通过光合作用将阳光、二氧化碳、水变成氧气。

果实：红色的果实美味香甜，还可以植物繁衍和供人食用。

花：丝绸般的白色的花朵，透出了黄色的花蕊。它可以结出美味的火龙果。

茎能输导营养物质和水分以及支持叶、花和果实在一定空间的作用。

根能吸收土壤里的水分和营养，保证植物的营养供给。

名师点评

火龙果为常见水果，其黑色种子可以在室内种植发芽，作者选择此项实验，新颖而具有创意。将火龙果发芽过程分为四步，基本符合实际，但成株选取的图片则为网络图片，这点一定要注意，即便想表述火龙果的整体形态，也要自己拍摄。如果能将整个过程再具体细致展示，如如何收集与清洗种子，播种前是否需要纸巾催芽等，则实践性更强。对火龙果成株的介绍，以背景资料为主，基本完备，但个别细节如光合作用的表述，还应更严谨：光合作用的产物不仅是氧气，还有植物体内的碳水化合物。

昆虫类

蝉观察

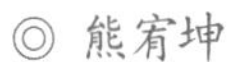

◎ 熊宥坤

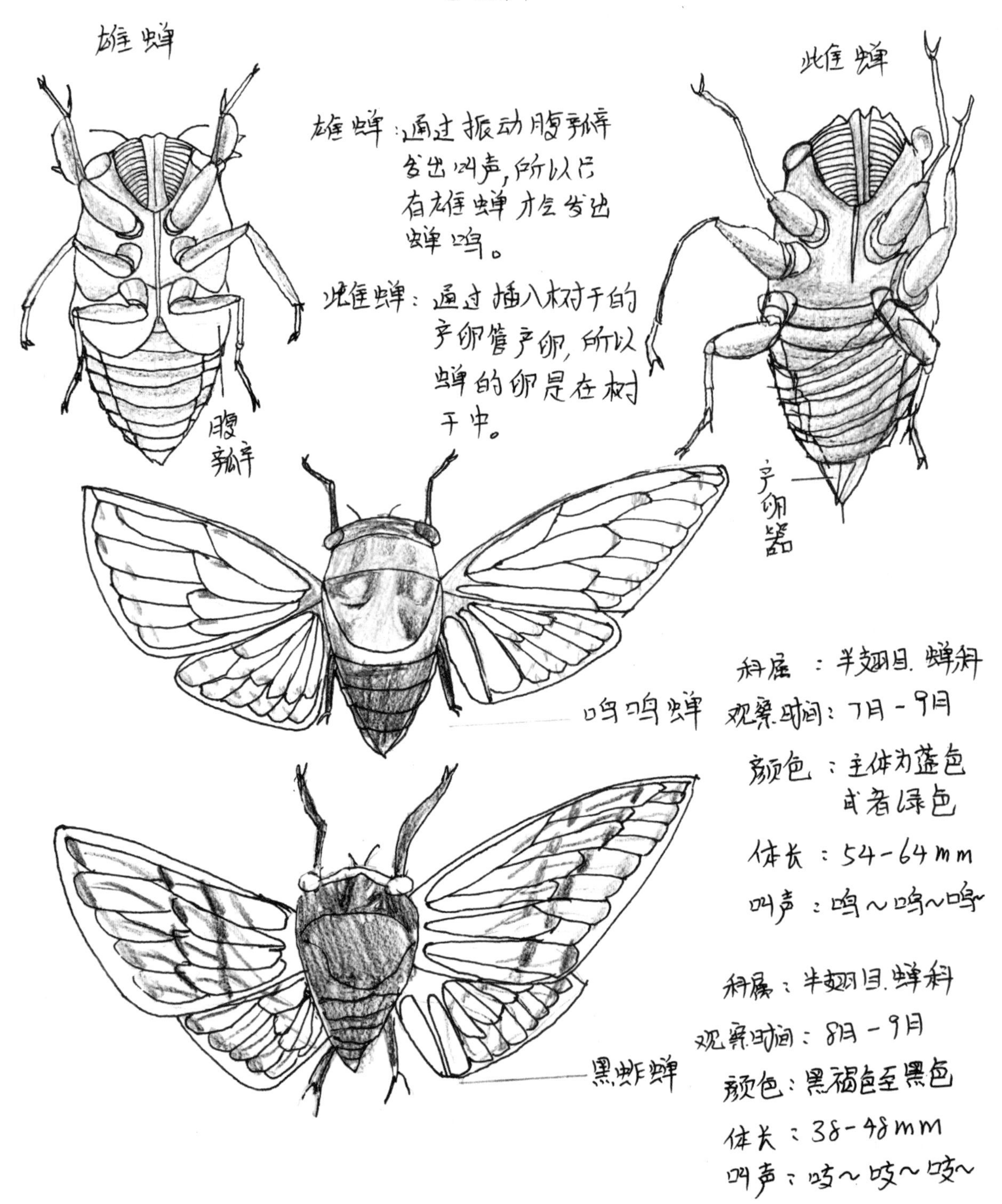

名师点评

小作者比较观察北京地区常见的两种半翅目昆虫：鸣鸣蝉和黑蚱蝉。通过对比的方式，从蝉出现的时间、体型、体态、大小以及叫声等方面来区别两种蝉。这种方式是十分值得称赞的。如果在绘画时能够把握好两种蝉的大小比例，作品将更加完美。

光肩星天牛

◎ 王禹皓

光肩星天牛

Anoplophora glabripennis
Asian Longhorn Beetle

时间：2021年8月1日
地点：北京延庆
天气：晴
观察人：王禹皓

今年夏天，住在姥姥家。姥姥家在延庆东面的山村里。那天我在菜园里刨地的时候，我遇到一只天牛。

它浑身是黑色的，甲壳上有一些白色的对称斑点，触角黑而长，一节节的。我用手把它拿起来，发现它的头上下来回摆动，并且发出"吱吱吱"的声音。

天牛是害虫，它平常以啃食树木为生，但通常不会给树木造成大面积破坏，一般不用人为消杀，啄木鸟就会把它吃掉。

鞘翅黑色，有光泽，具白斑点。昆虫的跗节有带虹光泽的亮蓝色绒毛。

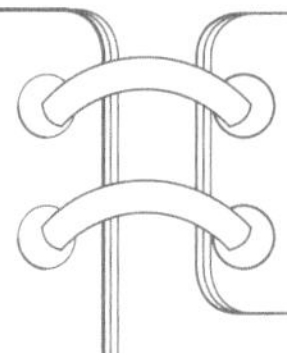
名师点评

本作品描述的是光肩星天牛，为北京地区的常见昆虫，作者对光肩星天牛形态特征观察细致入微，描述非常到位。在观察的同时，小作者还进行了思考，是一幅很好的自然观察笔记作品。如能适当增加相关资料的运用，作品将更加完整。

扫码看视频

马蜂观察笔记

◎ 朱仁鸿

名师点评

本作品小作者观察的是在自家外面筑巢的马蜂，对于观察的时间地点以及巢的形状描述得都很到位，体现了作者的自主观察。但受年龄和知识的限制，作者对马蜂的物种鉴别以及马蜂的生活史的描述有错误，建议小作者在以后要适当增加资料的查询与学习。

天牛——树木破坏者

◎ 张文宇

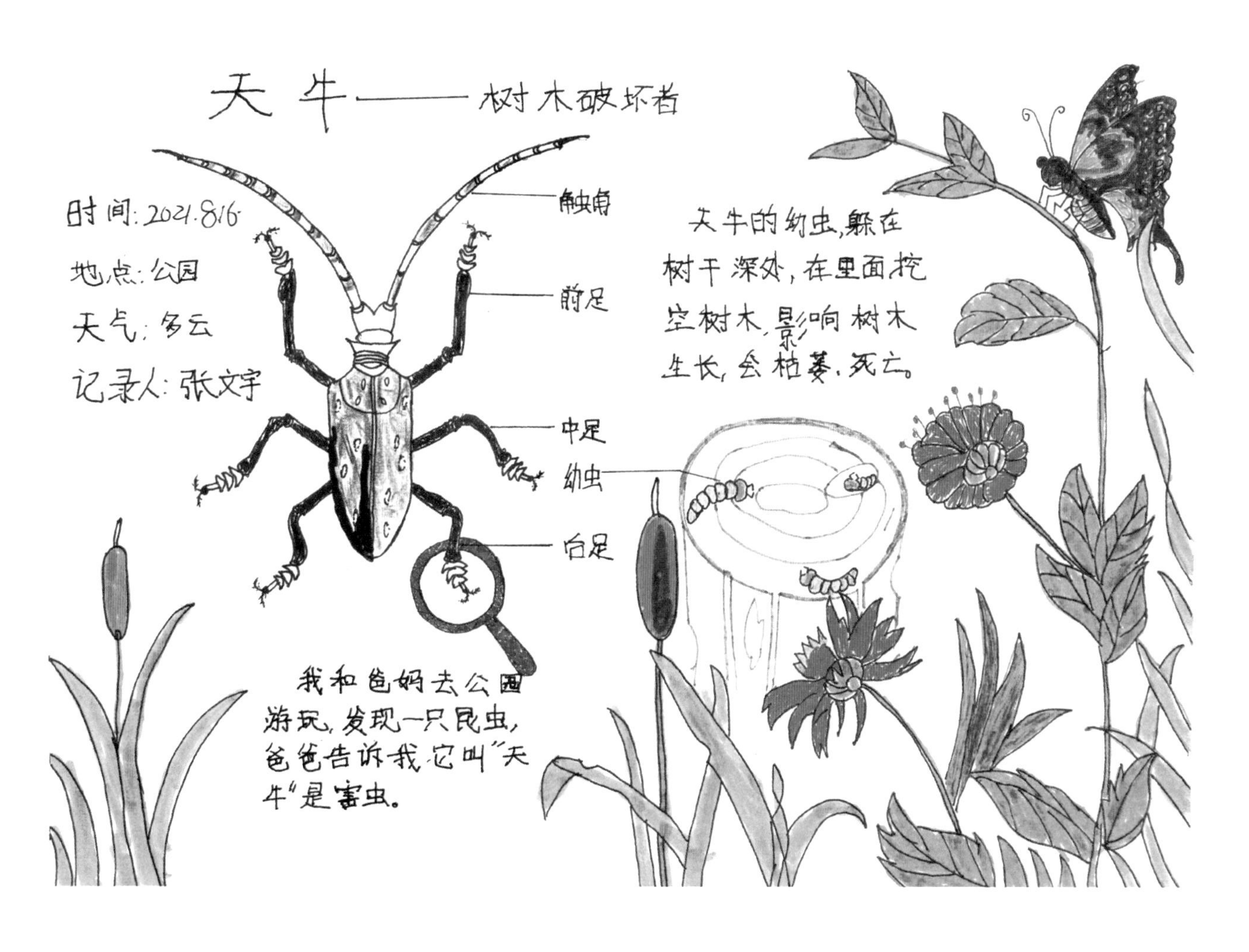

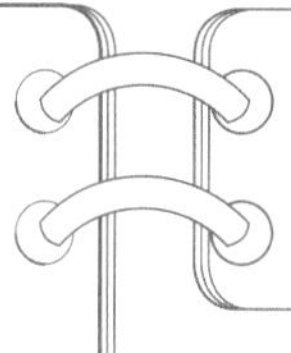

小作者描绘的是天牛，通过绘画可以看出小作者是经过了细致的观察，如触角的特点表现得很到位。关于天牛生活史的描述可以适当结合资料的查询，提高作品的科学性。望小作者能够兼顾一下天牛的生活环境，从更宏观的角度上对天牛进行描写观察。

花大姐——七星瓢虫

◎ 孔馨妍

扫码看视频

时间：2021.8.4
地点：菜园
天气：晴
观察人：孔馨妍

我的名片
名字：七星瓢虫
分布：广
食物：蚜虫
生命周期：80天

花大姐—七星瓢虫

卵：
黄色 竖立
在棉叶背面

幼虫

它也吃蚜虫

它的食物

蚜虫

起飞

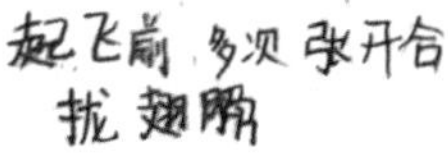

前翅为飞行提供浮力，后翅提供推力

伸开足，保chí平héng
shān动后翅 向前飞

着陆后，后翅收回
放到前翅下

名师点评

本作品描述的是七星瓢虫，但是从作品上看，小作者对七星瓢虫的观察还比较欠缺，比如昆虫的三对足着生于胸部。作者虽然对七星瓢虫的一生进行了绘制，但缺乏真实的观察体验，希望小作者在以后的自然观察中，能够自主地去进行持续性观察并将它们记录下来，这样的作品将更有意义。

会变魔术的知了

◎ 李彦博

1.捉知了

时间：2021年7月10日
地点：奥森公园树林

天黑时，我ná着手电tǒng在树干上xún找知了的yòu虫，它是从土洞里爬出来的，yán着树干往上爬，xī植wù根bù的汁yè。最后，我捉了四只yòu虫。

2.知了脱壳

到家后，我把四只知了放到了沙chuang上。晚上10点我看到一只知了后bèi上出一条黑xiàn，ké liè开了，nèn绿色的知了màn màn从ké中脱了出来，chì bǎng又绿又ruǎn，身体是白色的，很光huá。

3.放飞

dì二天早上，我fā现知了的chì bǎng biàn成了黑色，又黑又长，四只知了中，有三只会fā出声音它们都飞得很高，我知dào了xióng性会fā声，cí性不会fā声。最后我把四只知了放走了。

会变mó术的知了

蝉
唐 虞世南
垂緌饮清露，
流响出疏桐。
居高声自远，
非是藉秋风。

本作品记述的是小作者观察蝉羽化的过程，从捉知了到观察知了羽化，最终放归自然，过程详细，有细节的描述，并且观察描述了雌雄个体的差异。虽然图画稍显稚嫩，语言充满童趣，但充分体现了小作者的自主观察，这一点非常值得肯定。

沫蝉的一生

◎ 李嘉悦

扫码看视频

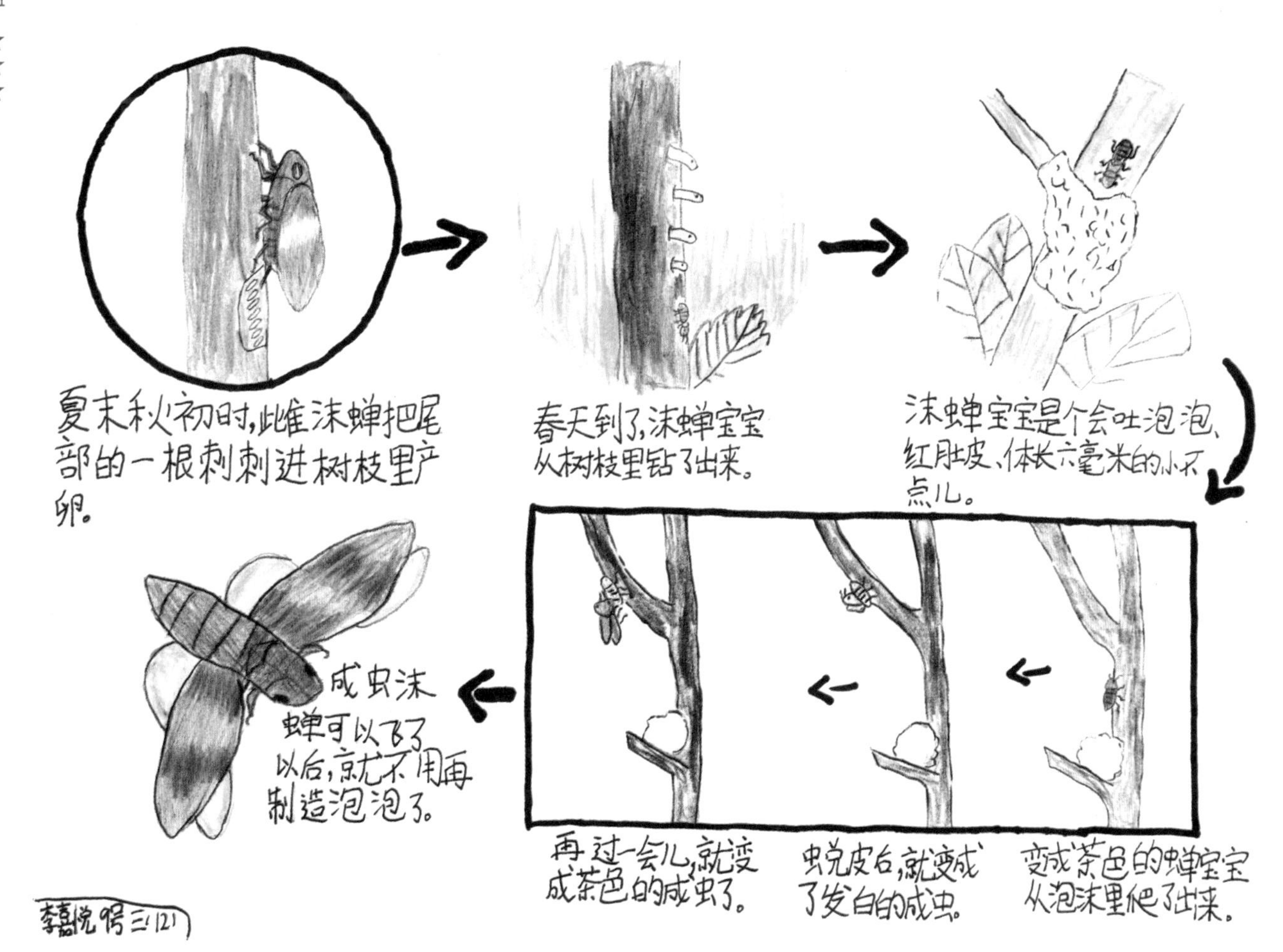

名师点评

作者描述的是沫蝉的一生，但对于观察的环境、地点、时间缺少交代，真实性受到影响。自然笔记是在查阅资料的基础上，基于真实观察的记录，希望作者能够切实进行观察，用观察日记的形式对生物进行持续的观察。

扫码看视频

隐身的蚂蚱

◎ 刘彧铖

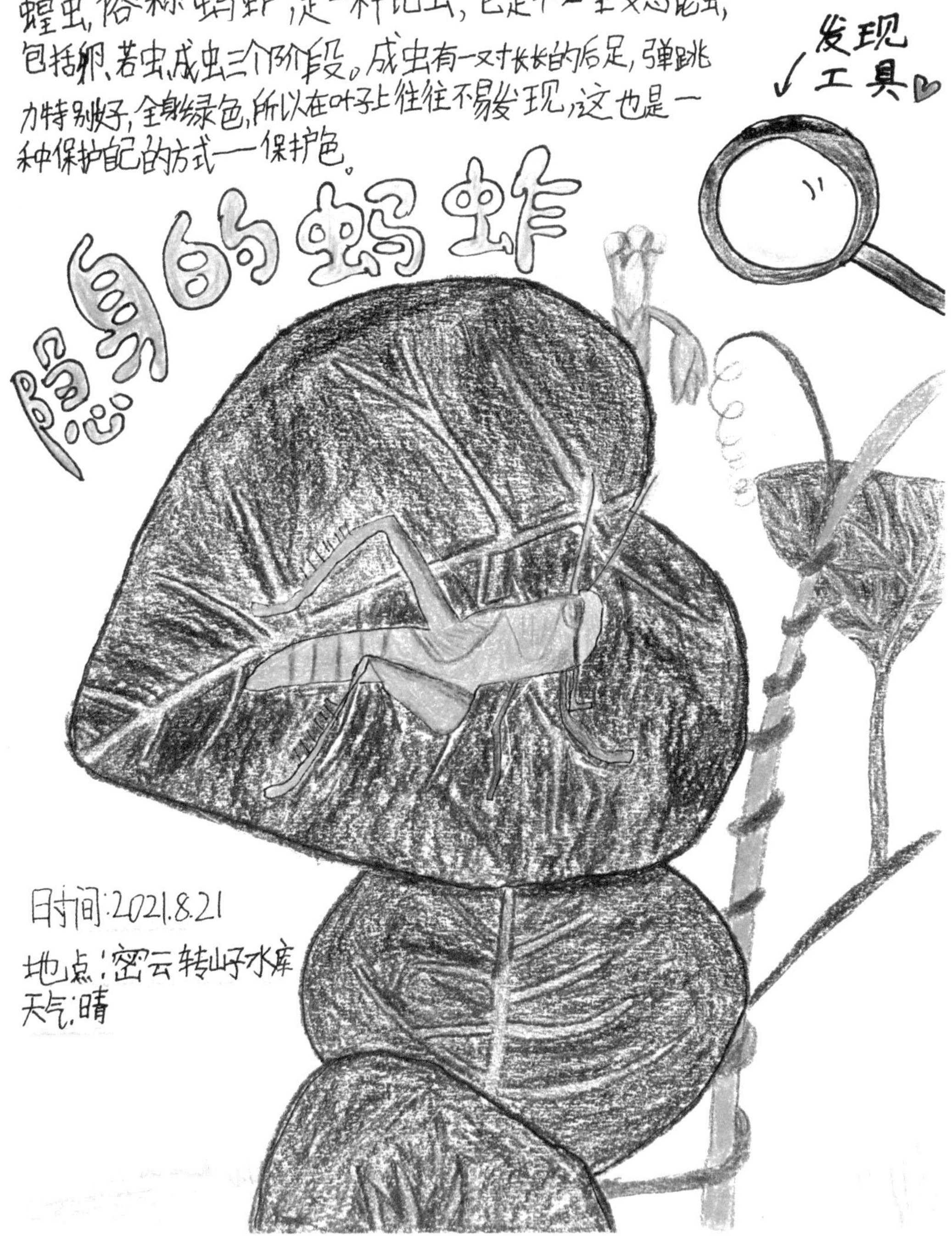

小作者应该是进行了一定的资料查询，了解蝗虫属于不完全变态昆虫。由此可以看出小作者是一位非常好学的小同学。本作品绘制精美，对物种的绘制比较清晰。但作品缺乏自主性观察的内容，希望小作者能够在以后进一步加强。

自然笔记——螽斯

◎ 周睿芃

扫码看视频

自然笔记螽斯

名称:螽斯(蝈蝈,纺花娘)

种属:节肢动物门,昆虫纲,直翅目

分布范围:草丛,矮树,灌木丛

生活习性:善鸣叫,跳跃杂食性

观察时间:7月-12月

地点:家养

记录人:周睿芃

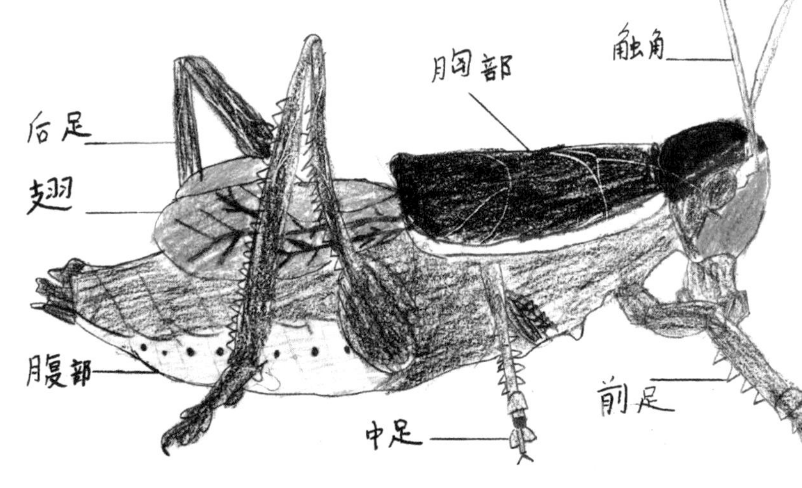

这是我的小宠物。它叫小龟,是只螽斯,绿色的翅膀油光发亮它通过摩擦前翅每天发出清脆的歌声。它喜欢吃胡萝卜。它一共陪伴我六个月。

名师点评

本作品表现的是一只家养的螽斯，绘制的图画比较准确详实、有细节。小作者结合资料的学习，记述了螽斯的发声器官和食性，体现了小作者的观察。但由于观察对象为非自然状态，因此缺乏对螽斯行为的描述，希望小作者能够走出家门，到广阔的大自然去观察记录。

◎ 来梓容

观察时间：8月31日

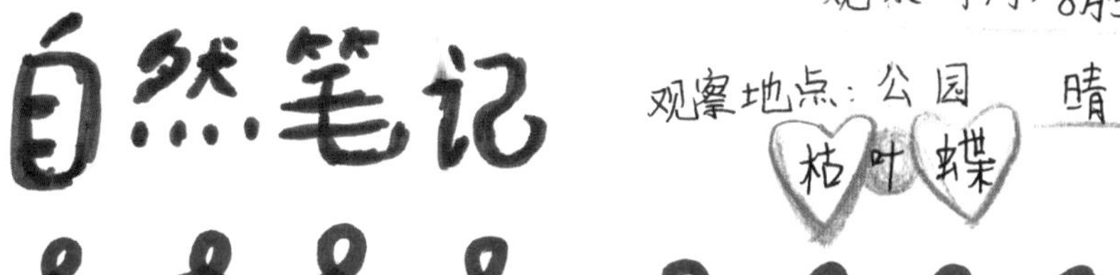

枯叶蝶又称枯叶蛱蝶，属于大型蝴蝶，以翅形及颜色似枯叶而著称。

枯叶蝶(枯叶蛱蝶)

枯叶蝶(枯叶蛱蝶)

当枯叶蝶遇到危险时，它会落入植物枯叶之间，隐藏自己。

本作品描绘的对象是枯叶蝶，绘制的比较精美，但枯叶蝶并非为北京地区本土的生物，作者对所观察生物的生境、观察地点等的叙述较为模糊，希望小作者在以后能够尽量观察身边的动植物。

蝴蝶的一生

◎ 赵子辰

名师点评

本作品记述了蝴蝶的一生，图文结合，制作精美，是一幅非常漂亮的科学粘贴画，但不符合自然笔记的原则。自然笔记需要对真实观察到的自然现象、花鸟鱼虫进行记录，希望小作者能够走出去，到户外去感受真实的自然。

扫码看视频

大麦虫幼虫的塑料降解实验

◎ 刘弈豪

实验名称：大麦虫幼虫的塑料降解实验

时间：2021年10月6日至2021年12月6日

地点：家中

调查经过：

1 购买大麦虫幼虫20条

在饲养箱中放入高2厘米、长20厘米、宽6厘米的泡沫塑料一块。

2 第2天，泡沫塑料出现3-4个孔洞。

3 第3-40天，孔洞每日都有增加，很多大麦虫钻到洞内栖息。同时有部分幼虫蜕皮长大。

4 约50天后，大部分幼虫化蛹之后成功羽化，泡沫塑料几乎被啃空，实验成功！

千疮百孔

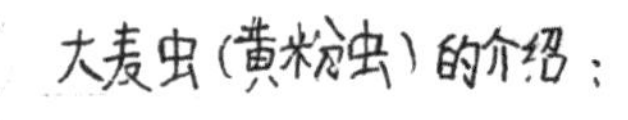

大麦虫（黄粉虫）的介绍：

中文名：大麦虫

拉丁名：Zophobas atratus

门：节肢动物

纲：昆虫纲

目：鞘翅目

科：拟步甲科

属：粉甲属

形态特征：全变态昆虫，一生要经历卵、幼虫、蛹、成虫4个虫态，整个生命周期为6个月，或更长。

用途：普遍用于喂养爬虫类、鸟类及鱼类。

名师点评

本作品是作者进行的一个科学小实验，利用大麦虫分解塑料，过程体现了初步的实验设计理念，过程记录较为详细，符合学生年龄特点，是幅很有特点的作品。但整幅作品排版以及版式稍显凌乱，在美感方面略显不足。

金蝉脱壳

◎ 徐梓轩

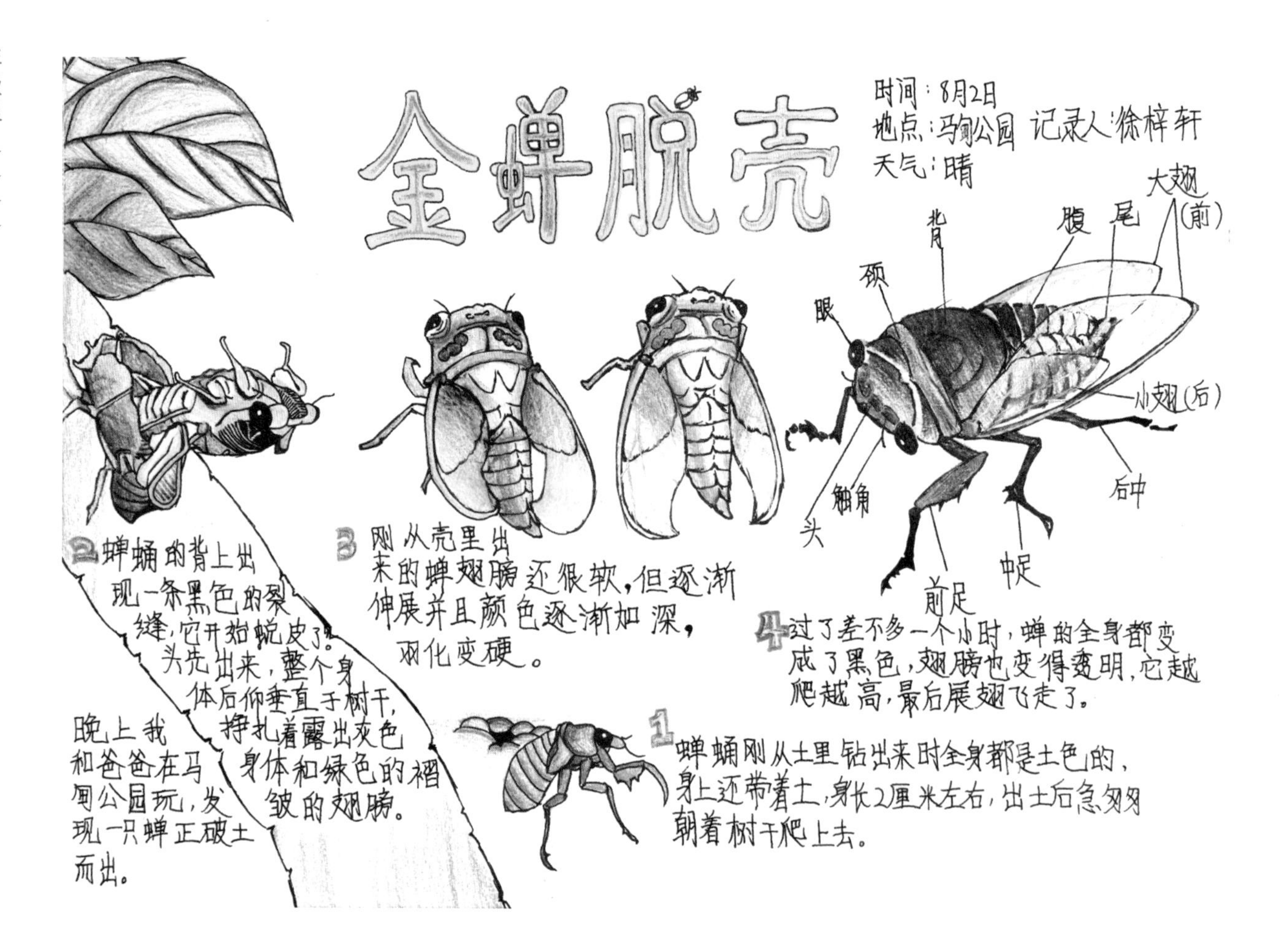

名师点评

本作品是一幅很好的自然笔记作品，小作者持续观察了蝉羽化的过程并记录下来，从破土而出到爬上树干，最终蝉翼舒展开，突出了蝉羽化的动态变化。对其描述也比较准确，绘画精美，建议以后在进行自然观察笔记时可适当增加对环境的交代。

扫码看视频

自然笔记——斑衣蜡蝉

◎ 周意

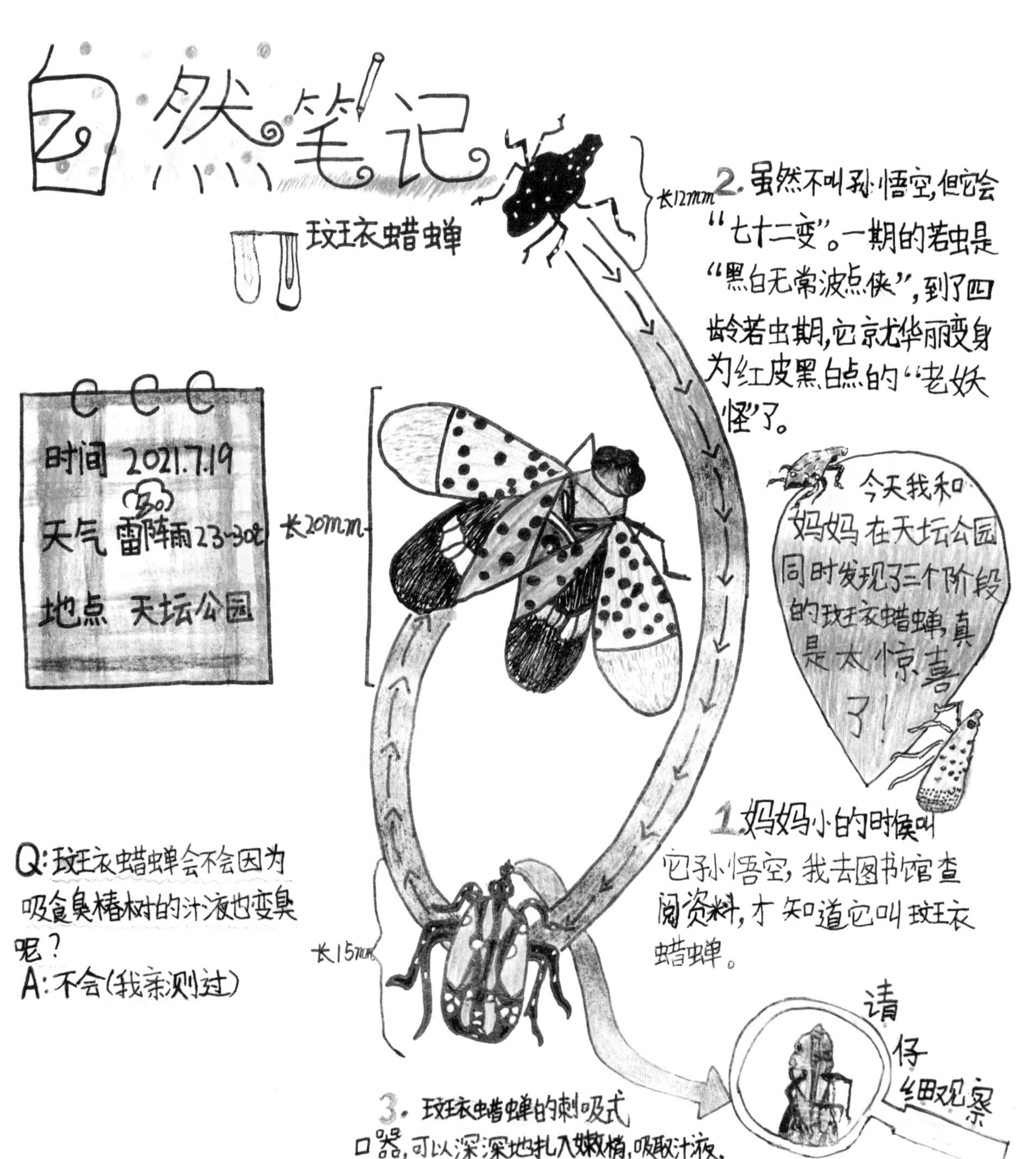

名师点评

小作者绘制的是斑衣蜡蝉的生长过程，画面颜色鲜艳，突出了斑衣蜡蝉的特点，表现了斑衣蜡蝉从低龄若虫到成虫的变化。同时运用自问自答的方式来表现斑衣蜡蝉的一些特点。美中不足是排版顺序略显杂乱，望改进。

蜻蜓观察记

扫码看视频

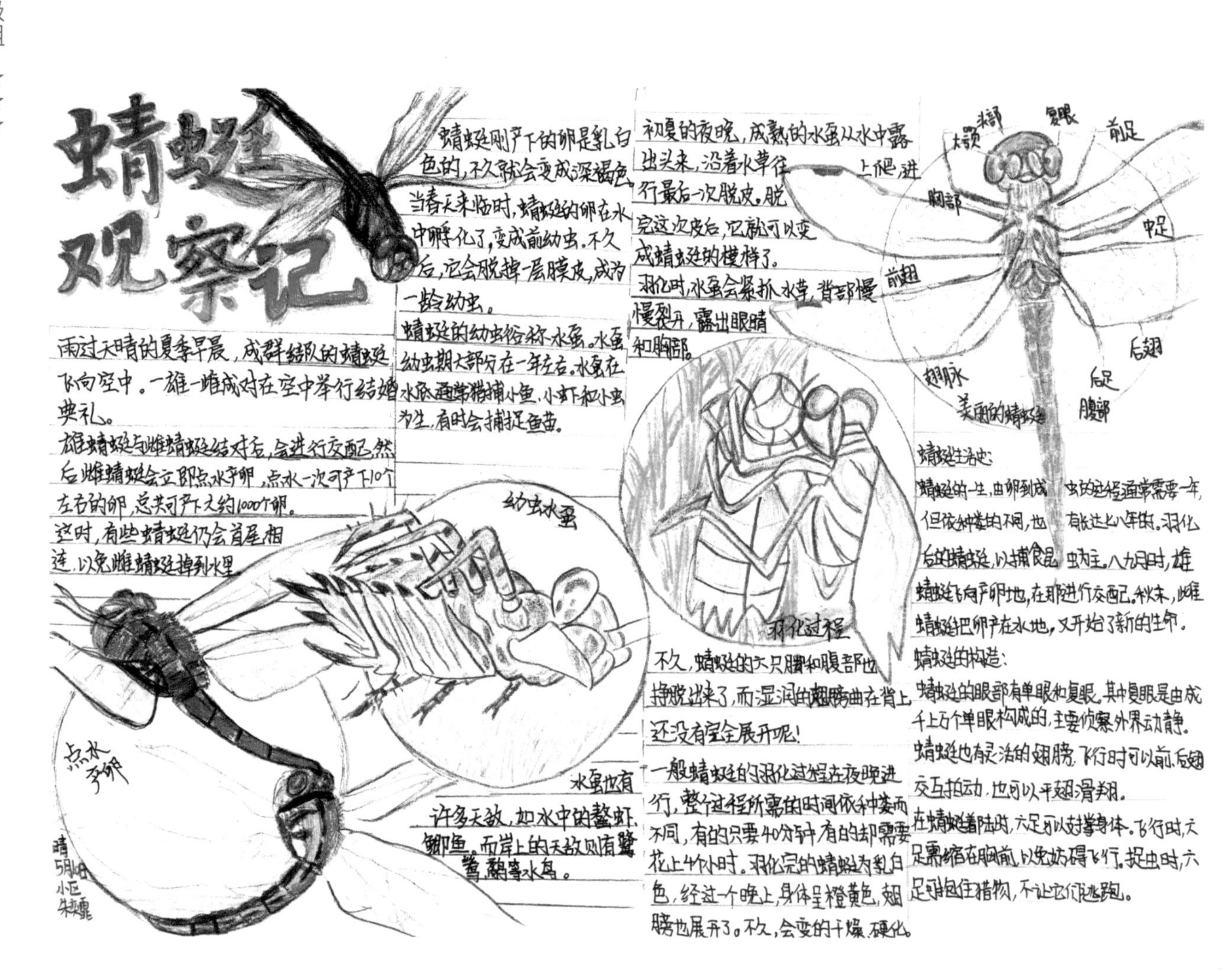

名师点评

本作品描述的是蜻蜓的一生，生活史的各个阶段描述的比较清晰，内容丰富，图文并茂，但从内容上看缺少基于真实环境的自主观察，更像资料的堆砌。希望小作者能够走到大自然中，对蜻蜓做深入的观察，发现蜻蜓目昆虫间的不同，对某一物种做持续观察。

◎ 何彦妮

2021年 7月23日 星期五 多云 记录人：何彦妮

今天，我和妈妈一起去散步，捡到了一只蝉的幼虫，于是便把它带回去并观察了蝉脱皮的整个过程。当脱皮的过程开始时，蝉的背上会有一条裂缝，蝉的头部会先出来，接着便露出淡黄色的身体和褶皱的翅膀。等全部脱皮，蝉会停住不动，等待着翅膀变硬，颜色变深，就可以飞了。和原来的蝉（蝉的幼虫）相比，现在的蝉有了翅膀，而且身体变的灵活了。由于在脱皮过程中，蝉的动作很慢，所以整个过程很漫长，需要一个小时左右。

老熟成虫

我还知道蝉的一生是怎样的，蝉的幼虫在地下要生活3~5年，有的甚至更长，要10年多才能破土而出，爬上一棵树，脱完皮，变成一只有翅膀的蝉，以吸食树种的汁液为生，蝉在树经过2周的生命就会结束，所以蝉99%的时间都是在黑暗中度过的那么它在地上的时间就十分短暂。

名师点评

本作品记述的是小作者观察蝉羽化的过程，描述的较为详细，对各个阶段的绘制比较准确，体现了小作者自主观察，这一点非常值得肯定。同时小作者还进行资料的学习，对观察到的现象进行补充，望小作者在语言的应用上更科学一些。

自然笔记

◎ 张若桐

扫码看视频

名师点评

通过作者的绘图可以猜出作者观察的是柑橘凤蝶，虽然形态绘制的并不很准确，但特点突出，这一点值得肯定，但作为高年级的学生可以适当增加文献学习，只要稍加查询不难对该物种进行科学的判断，提高作品的科学性，同时对物种形态的绘制要更加准确。

扫码看视频

蝉的一生——鸣鸣蝉自然笔记

◎ 薛颖丹

蝉的一生鸣鸣蝉自然笔记

记录时间：2021年初夏到秋季
记录地点：小区外街旁大树周围
记录人：薛颖丹

夏季快结束的时候雌性蝉会找一些枯枝，把尾巴插进去，用尾部的管子不断地挖洞，把卵产到树枝里，接着第二年夏天它们从卵里出来，开始时蝉身体外包着一层薄袋子，后来他们就会兴奋地破出袋子，爬出来。

从卵中出生的蝉▲

1年 → 3年 → 5年

5年蝉大小▲

蝉宝宝落到地面上，就会找一个柔软的地方挖洞，洞挖好后，它们就钻到地里，它们把嘴巴插进树根里，它们的嘴像针一样，这样就能喝到树汁。它们会在地下经历4-5年的时光。

进食树汁的蝉▲

当到时间后，他们就和成年蝉一样大了，蝉的"房子"在上方会留厚2cm左右的"天棚"，防止雨水流进洞或被吃掉。蝉一般傍晚从房子里出来，然后用爪子抓住树干，一点点地爬了上去。

找一个自己满意的地方停下来，三十分钟过去了，一只发白的成年蝉从里面爬了出来，随着时间鸣鸣蝉身体变硬，变成绿色，翅膀晒干最后起飞。大约五星期后就会掉到地上后死亡。

▲成年的蝉从裂缝爬出

触须
眼睛（单眼）3只
眼睛（复眼）
腿：腿的一端有爪子，能抓住树干
嘴：用来插进树干，吸食树汁。
腹瓣：雄性蝉有它们就可以鸣叫，雌性蝉是没有的
前翅
后翅
腹部：雌性蝉在腹部有产卵用的产卵管。

雄性蝉▲

鸣鸣蝉又名知了，是半翅目，蝉科。

成虫：体长35mm左右，翅展110-120mm。体形粗壮，全身暗绿色，有黑纹，复眼暗褐色，头部3个单眼为红色呈三角形排列。

卵：棱形，长1.8mm左右，宽约0.3mm，颜色呈乳白色渐变黄，头部略微尖一点。

发声：雄蝉腹部有两个大而圆的音盖，下面生有像鼓皮似的听囊和发声膜，发音膜内壁肌肉收缩振动时，蝉就会发出声音。它们还有气囊的共鸣器，发音膜振动，共鸣器发生共鸣，褶膜和镜膜也跟着振动，声音更洪亮了。

名师点评

本作品描绘的是鸣鸣蝉的一生，作品图文结合，绘制较为精美，但从作品内容上看不能体现出小作者的亲身参与，缺乏真实观察，有明显的资料堆砌的痕迹。建议小作者能够走出家门，去感受和观察真实的大自然。

中华剑角蝗

扫码看视频

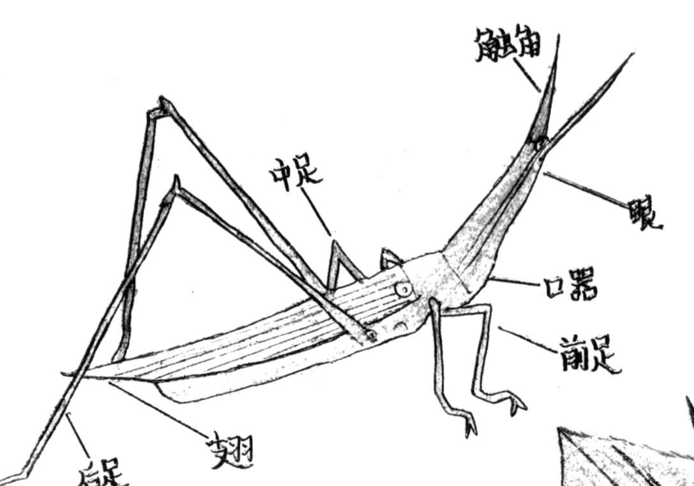

时间：2021.10.2

地点：滦河湿地公园

天气：阴转雨17°C~24°C

记录员：李梦瑶

学名：中华剑角蝗，又称中华蚱蜢。

俗称：扁担勾。

体色绿色或褐色。

食物：以禾本科植物为食，如水稻、玉米、高粱、谷子等，所以属于害虫。

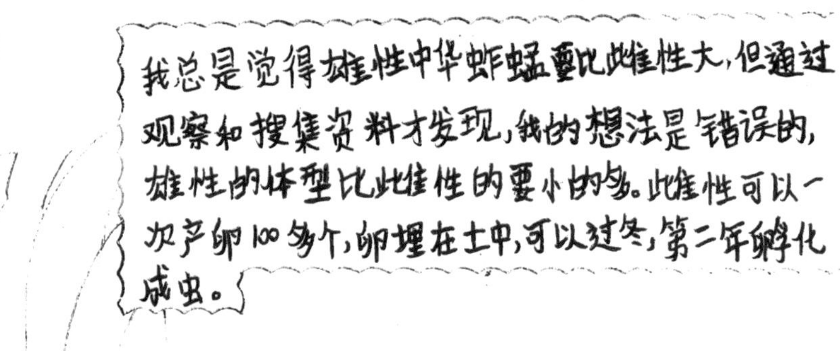

名师点评

作品表现的是分布广泛的昆虫——中华剑角蝗，绘画突出了中华剑角蝗的形态特征，小作者带着问题去进行观察，通过观察和资料的查询得到了正确的答案，这点是非常值得肯定的。望能够再进行深入观察，丰富作品内容。

扫码看视频

柑橘凤蝶

◎ 姚懿珊

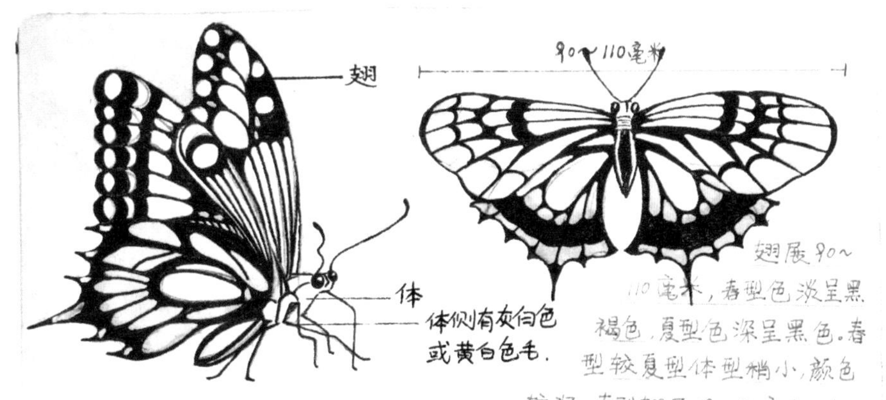

（体、翅的颜色随季节不同而变化）

翅展90～110毫米，春型色淡呈黑褐色，夏型色深呈黑色。春型较夏型体型稍小，颜色较深。春型翅展69～75毫米，体长20～24毫米；夏型翅展87～100毫米，体长25～29毫米。

柑橘凤蝶

中文名：柑橘凤蝶

拉丁学名：*Papilio xuthus*

别名：橘黑黄凤蝶、橘凤蝶、黄菠萝凤蝶。

栖息环境：

柑橘凤蝶成虫栖息于空旷地带、林木稀疏林、郊区的花园、城市公园和柑橘种植园，一般垂直活动海拔高度约为1000米，其台湾亚种的栖息范围高度可达2500米。

主要分布：

1. 缅甸
2. 中国
3. 韩国
4. 日本
5. 菲律宾

（等亚洲的国家地区）

在做“柑橘凤蝶”自然笔记时，我边看课程边上网查阅资料，柑橘凤蝶体、翅的颜色都会随季节不同而变化，看到网友拍摄到的柑橘凤蝶真是羡慕，它可真漂亮啊！

生活习性：

成虫有访花习惯，经常在湿地吸水或花间采蜜。该种的蜜源植物主要有马利筋、八宝景天、猫薄荷、马樱丹、醉蝶花等。柑橘凤蝶的幼虫有诸多天敌，如长瓣树蝇、黑毛蚁和蜘蛛。

时间：2021年7月
地方：北京，玉渊潭公园
天气：晴。

本作品绘制的虽然是柑橘凤蝶，但并没有突出柑橘凤蝶的形态特征和生活习性，仅从图片上很难看出是柑橘凤蝶，而作品文字描述部分更像是资料的堆砌，建议小作者能够走出家门，到自然中去观察身边的生物，一定会有不错的收获。

螳螂

◎ 王锦鹏

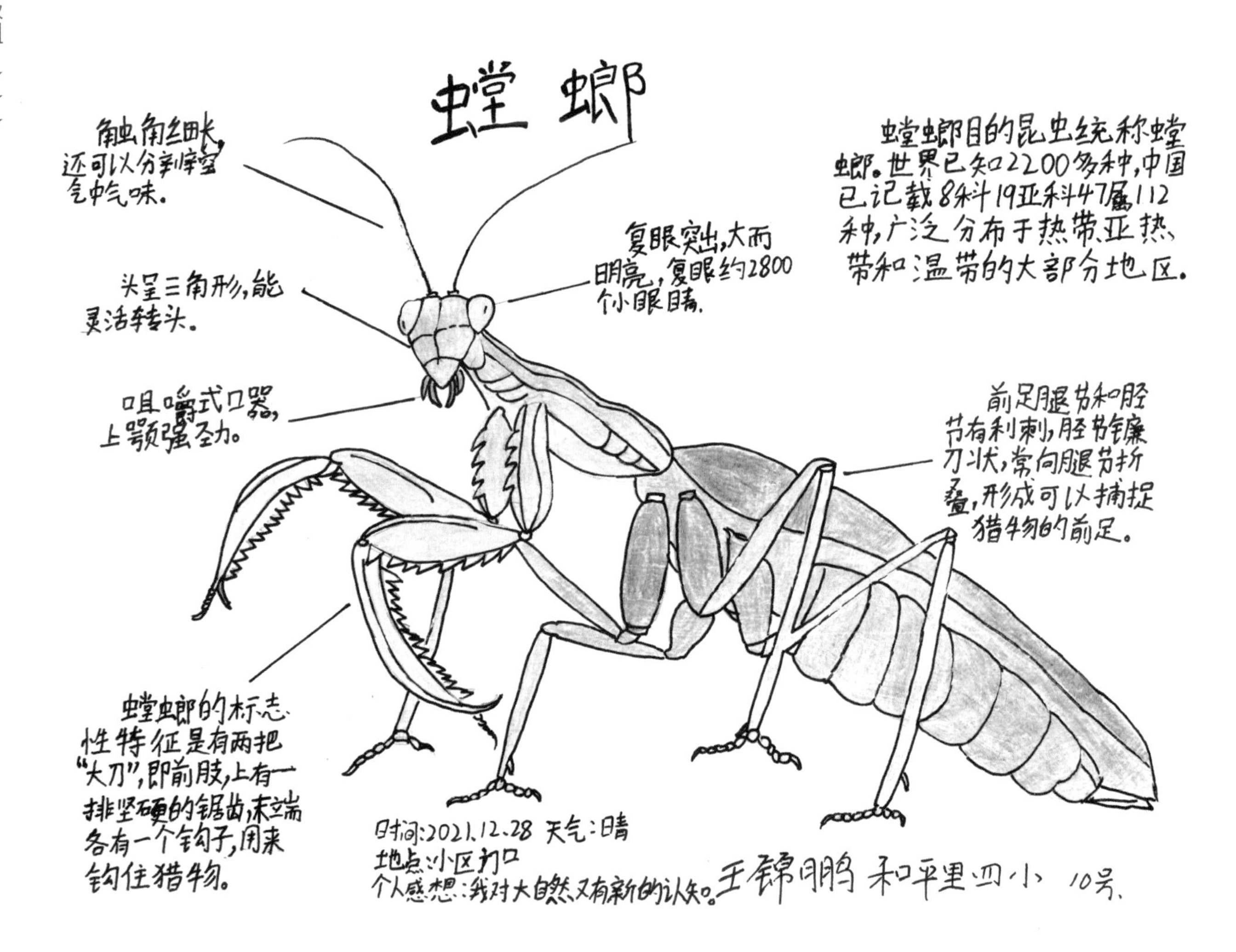

名师点评

本作品的时间为 12 月，是否真实观察到螳螂有待商榷。从画面上看，小作者对螳螂身体机构以及姿态的把握还是比较准确的，并且能够用较科学的语言进行描述。自然笔记要求基于真实观察，希望将来小作者能够亲自观察螳螂，并加以记录。

扫码看视频

自然笔记——豆娘

◎ 李星洲

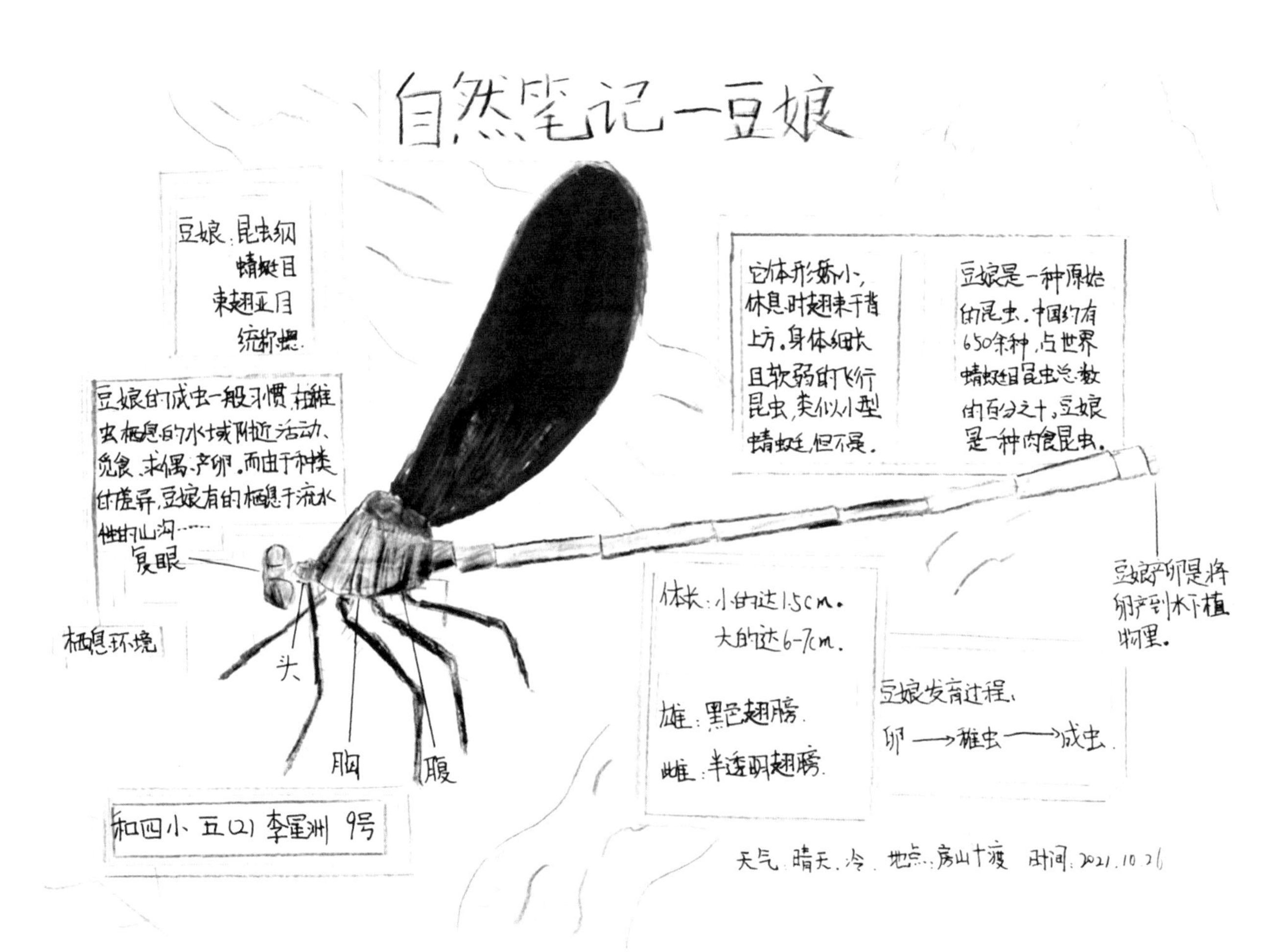

通过绘图图片可以知道作者观察的是一种色蟌，从绘画的角度上看，作品能够体现色蟌的基本特征，但文字部分缺少自主观察的内容，科学性也略显不足。自然笔记作品既要基于真实的观察，又要具有较高的科学性，最终要在作品中呈现出来，希望小作者能够改进。

自然笔记

◎ 王紫萱

扫码看视频

自然笔记

观察物种：枯叶蛱蝶
观察时间：2021年8月19日
观察地点：北京七彩蝶园
观察天气：晴
观察记录人：王紫萱

八月的晴天，我和妈妈一起到七彩蝶园参观。蝶园里五彩缤纷，颜色炫丽的蝴蝶比比皆是，我却被像一片枯叶的拟态蝶吸引了。看着停在树枝上的枯叶蝶，我不禁感慨：合上翅膀的枯叶蝶真和一片烂树叶无异，枯黄的颜色，干瘪的形态，简直把烂黄树叶的样子模仿得惟妙惟肖。但当它展开翅膀时又会展现一种神奇、独特的美。想想看，我们生活中又何尝不是这样？对待任何事物不能只看外表，也要感受内在，全面的看待才更真实！

名师点评

作者绘制的是蝴蝶园中饲养的枯叶蝶，对枯叶蝶停息时的形态画的很到位。但枯叶蝶并非北京本地物种，在蝶园中生活的枯叶蝶不能够反映出其真实的生存环境和生活习性。建议以后在选择观察对象时要尽量选择本土物种，在自然环境条件下对其进行科学描述。

扫码看视频

神农架的蝴蝶

◎ 张子骁

神农架的蝴蝶

2021年7月25日
地点：湖北省神农架
天气：晴
记录人：张子骁

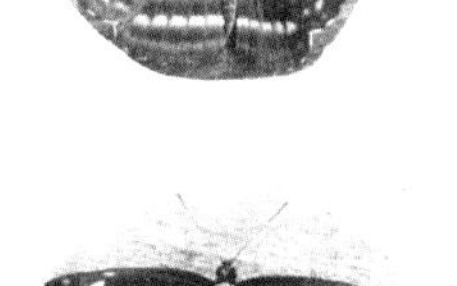

头部 head
具有复眼、触角
为主要感觉器官的位置

触角 Antennae 为蝴蝶之嗅觉，用来感应及保持平衡

复眼 compound eye 为蝴蝶之视觉，用来观察

前翅 Fore wing
作为飞行及平衡

后翅 Hindwing
作为飞行及平衡

虹吸式口器 Proboscis 为蝴蝶之味觉，用来觅食。

腹部 Abdomen
有生殖、消化、呼吸、循环及排泄等器官，
有气孔为蝴蝶呼吸功能。

蝴蝶的飞行

蝴蝶在向上划动的过程中，翅膀呈杯状，形成一个充满空气的口袋。当翅膀相撞时，空气就被挤出来，形成一股向后的气流，推动蝴蝶向前飞。向下的翼拍还有另一个功能，让蝴蝶能在空中停留，不掉地上。

我看见它黄色的部分是软的，而不是硬的那种，黄色部分被阳光照射到以后就呈现出了金色还带了点绿色。我还摸了摸，它的翅膀表面很丝滑，还沾了我一手的粉末，这个粉末叫鳞粉。

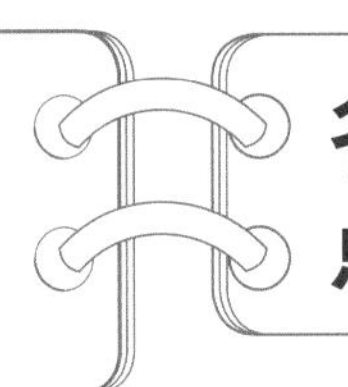

名师点评

本次自然笔记作品要求观察的对象为北京地区的物种，因此本作品不符合活动要求。从作品本身来看，小作者主要关注了蝴蝶飞行时翅的运动方式和鳞翅目昆虫翅的结构特点，观察的还是比较仔细，值得肯定。

扫码看视频

螳螂

◎ 朱滨

螳螂目(Mantodea)

螳螂属肉食性昆虫，以其它昆虫及小动物为食，是著名的农林业益虫。

它的标志性特征是有两把"大刀"，即前肢上有一排坚硬的锯齿，末端各有一个钩子，用来钩住猎物。

头呈三角形，能灵活转动；复眼突出，大而明亮，单眼3个；触角细长；颈可自由转动，咀嚼式口器，上颚强劲。

前足捕捉足，中、后足适于步行，保持平衡；渐变态。

我知道螳螂是食肉吃小动物的昆虫，是农林业的益虫，我们要保护它。

名师点评

作者以螳螂为观察目标，表述出螳螂的生态价值，绘画上较为形象地表达所见螳螂种类的形态，绘图美观。从自然笔记科学性上需要注意两点，一是所观察物种种类查证，二是观察信息详实，如时间、地点、环境、天气等内容要表述完整，帮助自己更好地理解和记录自然。

扫码看视频

象鼻虫

◎ 刘贝远

名师点评

本作品绘制较为精美，突出了昆虫的特点，描述了象鼻虫遇到危险时的有趣行为。但作为初中生来说可以增加对现象的思考，进行更加深入的观察研究，同时可以结合资料，提升作品的科学性。

麻步甲

◎ 周游

麻步甲确！实！麻！它的鞘翅摸起来有磨砂手感，令人忍不住多摸几下……

那么，多摸的后果是什么？

答案就是：被！喷！

它腹部末端会喷出防御性液体。

别问我怎么知道的……

长：1.8cm

白天的麻步甲，喜欢“躲”在叶子下面或石头底下休息，到了夜里，它们就“躁”起来了。

为了观察它，我也算是给蚊子义务献血了好几次。

麻步甲行动的速度极快，却喜欢吃蜗牛、蛞蝓和蚯蚓这些行动缓慢的猎物，这令人有些费解。也许，是为了逃避天敌练就的神速吧！

长：2cm

虽然麻步甲的幼虫与成虫的样子截然不同，但是它们的速度一样迅捷！自然进化的结果造就麻步甲强大的竞走能力，后翅而后渐渐派不上用场，也就退化了。因此，它们不会飞。

日期：8月22日
地点：柳荫公园
天气：多云 21℃

名师点评

作者的绘画突出了麻步甲的特点，文字描述体现了麻步甲的生活习性，小作者用幽默的语言很好地表达了在观察麻步甲的过程中遇到的有趣现象，并且间接地交代了观察环境，值得肯定，但作为初中生的作品可以进行更深入的思考，增加相关资料的学习。

扫码看视频

锹形虫

◎ 杨文锐

锹形虫

Lucanidae

中文名：锹形虫
别名：锹甲
拉丁学名：Lucanidae
界：动物界
门：节肢动物门

锹形虫，亦称锹甲，属昆虫纲，鞘翅目锹甲科，种内多样性突出，性二态现象典型，很多种类雄虫具多型性，因为是研究昆虫进化和系统发育的很好的类群。全球已经记载有近100多属1000余种，我国已经记载有24属200余种。由于部分种类体型、外形奇特而为大众喜爱和收藏，并作为宠物饲养、繁殖，已成为重要的标本商品，具有较好的经济文化价值。

具有奇特的上颚是锹甲科的典型及重要特征之一。幼虫期的上颚用于啃咬各种朽木或腐殖质土壤；在成虫期，雄性的上颚多异常发达，被认为主要用于求偶争斗中的武器或在交偶时帮助抓持雌性；雌性的上颚多短阔，被认为主要用于刺破树皮以帮助吸食汁液或协助产卵。

完全变态，一生经历卵、幼虫、蛹、成虫等4个虫态，只能进行两性生殖。

成虫食液、访花食蜜，部分具有食肉性，幼虫腐食，栖息于树桩及其根部等，能帮分解朽木和腐殖质，占具着独特的生态位，且具有较好生物防治的前景。成虫多夜出活动，大部分种类具有趋光性，也有白天活动的种类。

两点赤锯锹形虫

名师点评

作者画的是褐黄前锹甲，是北京山区较为常见的一种锹甲，但从文字来看小作者并没有针对该物种进行具体的描述，只是概括地介绍了锹甲，既缺乏真实的观察又降低了作品的科学性，希望小作者能够针对物种进行细致观察，提高作品的科学性。

夏日到处飞的蚊子

◎ 刘美含

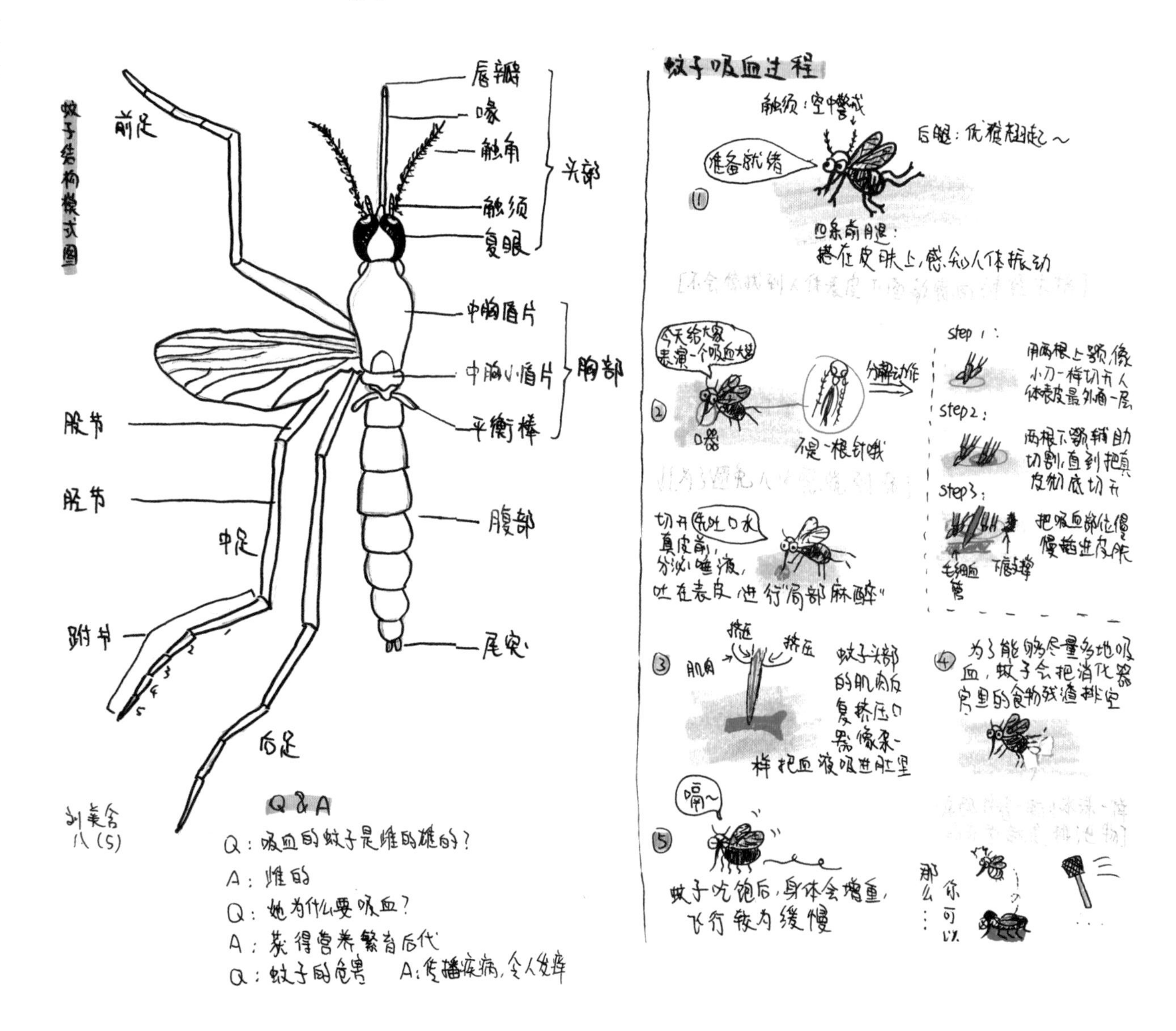

名师点评

本作品介绍的是蚊子，小作者的思路很清晰，一问一答的形式也能很好地突出蚊子的习性，但整个作品缺乏作者的自主观察与思考，更像是一幅科普小报，望小作者能够改进。

鸟类

扫码看视频

红嘴相思鸟

◎ 王庶宁

红嘴相思鸟（学名：Leiothrix lutea），是噪鹛科、相思鸟属的小型鸟类。

12月4日，妈妈带我去北京植物园参加冬季自然综合体验活动，上午的观鸟活动，我看到了心心念念的红嘴相思鸟，但是云起老师告诉我们，红嘴相思鸟出现在北京的野外是观鸟爱好者不愿意看到的，因为它是生活在秦岭以南的小鸟，出现在北京多是因为人工养殖逃逸的个体

有可能会不适应环境而死掉。我看到这只红嘴相思鸟的尾巴有点缺损，可能是因为在逃逸中受伤了。妈妈说现在红嘴相思鸟种群数量显著减少，我希望大家不要捕猎，让我们一起保护红嘴相思鸟、保护鸟类。

名师点评

本作品记述的是一次观鸟活动中看到的红嘴相思鸟，红嘴相思鸟作为一种非本土鸟种却出现在北京地区，这引发了作者的思考，作者向老师请教后得出了自己的结论，这种探究的精神值得我们学习，同时小作者还呼吁大家要科学地爱护鸟类，是一幅不错的作品。

山斑鸠

◎ 李赞

名师点评

小作者记述的是在圆明园的一次冬季观鸟活动，在活动中作者聚焦了山斑鸠，对其颈部和翅膀羽毛颜色特点的描绘非常准确，如果对山斑鸠行为、叫声等方面能够有更充分的描述，作品将更加完整。

戴胜

◎ 薛雅沣

2021年10月30日
南海子麋鹿苑
星期日 晴
姓名薛雅沣

戴胜的嘴又细又长，
还有一点弯。
我们都以为它是啄木鸟，
老师告诉我们它叫做
戴胜。

戴胜头顶的羽毛
会像孔雀开屏一样
张开，十分美丽。
它因此被叫做
"花蒲扇"。

戴胜翅膀上的毛黑白相间，很像啄木鸟。
但它不会啄木头，而喜欢在土里找虫子吃。

本作品描绘的是戴胜，对戴胜形态和体羽颜色的描绘都很准确到位。小作者对戴胜嘴的形态进行了聚焦式的观察，通过观察和老师的讲解，小作者知道了戴胜与啄木鸟的区别，体现了作者的学习过程。

蓝孔雀

◎ 屈坤怡

名师点评

本作品的时间为 7 月，描述的观察环境又为春天，其观察的真实性有待考证。小作者对蓝孔雀体型体色的描绘还是比较到位的，是本作品的可取之处。此外，蓝孔雀非北京本地物种，也不是中国本土孔雀，这是需要注意的。

夜鹭

◎ 王雪漪

名师点评

本作品描述的是夜鹭的一年，夜鹭特征鲜明，对成鸟和亚成体都进行了准确的绘制，甚至关注到了繁殖期夜鹭头顶的装饰羽和红色的虹膜，这些都是本作品值得肯定的地方。但对于夜鹭繁殖时间的记录及夜鹭行为的描述存在一些问题，建议小作者能够继续开展观察，还原真实的夜鹭。

扫码看视频

蚀羽记

◎ 曾天栩

蚀羽記

时间：2021.5—2021.8

地点：亮马河国际风情水岸

5月2日，在亮马河国际风情水岸，我惊喜地发现了一对鸳鸯。它们好漂亮呀！我尤其喜欢那只雄鸳鸯，给它起名——"帅帅"。

神气de"帅帅"

①冠 ②髯 ③围脖 ④领口 ⑤围裙 ⑥翅 ⑦帆羽 ⑧尾 肩章

2021.5.22 阴

今天，我惊讶地发现，"帅帅"那标志性的亮橙色帆羽开叉的开叉，打卷的打卷……传说中的"蚀羽"过程这就开始了吗？

2021.5.29 多云

这次再看见帅帅更加惨不忍睹了。神气的蓝白肩章黯淡了，紫色的围脖，黑白相间的领口变得斑驳不堪…可怜的"帅帅"！

2021.6.12 晴

眼前的"帅帅"像一个小老头一样：往日光彩夺目的头冠不见了，只剩下一颗像长了癞疤的秃头，橙色的美髯也凋零到只剩下几根…

2021.7.16 多云

"帅帅"的飞羽已经完全脱落了，尾羽也开始脱落更新，像极了秃尾巴鹌鹑

2021.7.29 阴

十几天后的帅帅虽然样子看起来显得有些笨笨得可爱，但是它终于又可以贴着河面飞翔了，真为它高兴呀！

2021.8.29 晴

经过蚀羽后的"帅帅"和它的伴侣是不是很有"夫妻相"？尽管这样，我还是通过它的红嘴巴一下子就能找到它！

名师点评

本作品是对鸳鸯持续观察的记录，小作者着重介绍了雄鸳鸯换羽的过程，绘画详尽，抓住了细节特征，突出识别要点，最后小作者还贴心地介绍了雌鸳鸯与非繁殖羽的雄鸳鸯的识别方法，使作品更加完整。

扫码看视频

鸦科“大佬”大战外来“猛”

◎ 刘海岳

鸦科“大佬”大战外来“猛”

时间：2021年10月2日上午7:30－11:30
地点：天坛公园西北角空场
天气：阴有小雨 北转南风2级 17℃－20℃
物种：鸦科（大嘴乌鸦、喜鹊）、猛禽（普通鵟、红脚隼）

5枚翼指
普通鵟
乌鸦
腕斑
乌鸦驱赶普通鵟

天坛公园的古树又密又高，遮住了从高空掠过的猛禽。终于到了视野开阔的空场，我们先用肉眼寻找，看到远处的高压电线上有几只身材差不多的鸟在慢慢移动。因为逆光，看上去都是黑色的。我们用望远镜仔细分辨，发现竟是两只喜鹊走两步停一下地在向中间略小的红脚隼靠拢，歇脚的红脚隼不堪其扰，一飞了之。突然同伴又招手我们往天上看，两只大嘴乌鸦正对着过路的普通鵟叫嚣。双方盘旋了几圈后，普通鵟落荒而逃。我在书上读到过鸦科鸟很凶狠，但第一次亲眼看到迁徙过境的猛禽被喜鹊、乌鸦追着跑时，还是不禁感叹这些鸦科鸟真是“大佬”啊，比猛禽还要猛！

名师点评

本作品记述的是猛禽与鸦科鸣禽大战的场景，无论是绘画还是语言描述都有使人身临其境的感觉。作品充分体现了小作者亲身观察的过程，对每一种鸟的形态特征把握得都比较准确，并且突出了两种猛禽的识别特征，是一幅不错的自然笔记。

扫码看视频

红肋绣眼鸟

◎ 马依杨

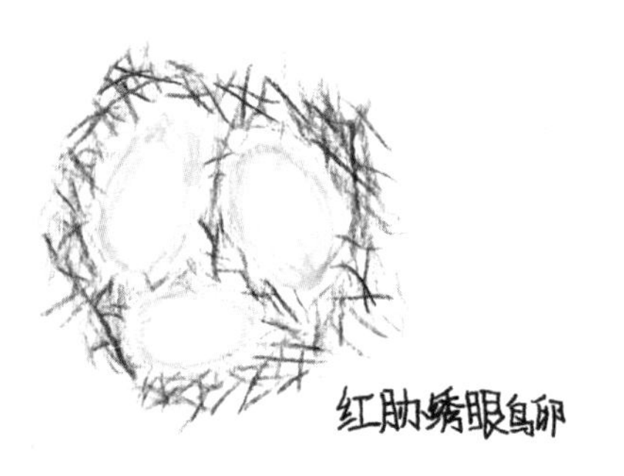

红肋绣眼鸟卵

2021.10.10

我同妈妈一起来到了
北京环球影城。
我在出口处的一棵小松树下
发现了一只红肋绣眼鸟。
于是我开始了调查:
这天天气晴,气温13°C,时间下午13:30左右。
小绣眼在树枝上跳来跳去,红色的肋部引起了我的注意。

后来我通过查阅资料知道:
这种鸟是:鸣禽;
属于雀形目、绣眼鸟科、绣眼属;
拉丁学名是:Zostrops erythropleurus;
英文名是:Chestnut-flanked White-eye;
生境为:平原林地;
是"三有"动物;也是北京市二级重点保护动物;
体长:11cm;
4月中—6月初、8月中—11月中常见;
以昆虫为食,有时吃植物种子;
分布于我国:东北、华北、华东、华中等地;

感悟:
在查资料时,发现网络上有大量关于养鸟的谈论和照片,可是私自捕捉、买卖野生动物是违法的,这些鸟来源不明,说不定好多都是违法的呢!我们应该保护野生动物,不应饲养它们。

红肋绣眼鸟窝

红肋绣眼鸟

和四小
四.1
马依杨12

名师点评

小作者观察的是一只红肋绣眼鸟，每年春秋迁徙季，在北京都能够看到这种小鸟的身影。本作品既有对鸟类的观察、形态描述，又有对文献资料的学习，同时还有自己的思考，提出了保护野生鸟类的建议，是一幅很不错的作品。

自然笔记——树麻雀

◎ 丁吉妍

扫码看视频

自然笔记

树麻雀（Posser montanus）

观察日期：2021.11.7 星期日 立冬
观察时间：11:00前后
天气：雪
观察地点：北京地坛公园

丁吉妍 六(3)班

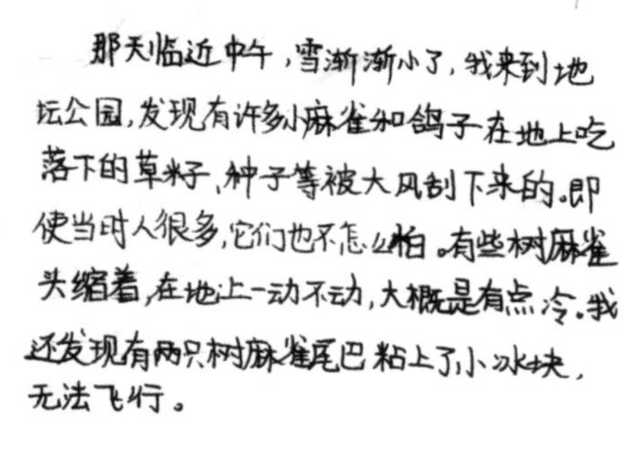

树麻雀大都从额至后颈呈黄褐色，背部有黑色纹路，缀以棕色，眼睛周围都有黑色，颊、耳羽和颈侧为白色，耳羽后有一块黑斑，十分明显，腹部黄褐色至灰白渐变，嘴前端为黑色，下嘴呈黄色。

电线上的麻雀们

我在下午4:30放学时，也经常见到小区院子里，成群的树麻雀在枝头上“叽叽喳喳”地叫，电线上也经常有。还有许多树麻雀会集体在地上吃人们撒的小米、大米等粮食，稍有惊扰就会成群惊飞，一会儿又回来继续吃。

吃小米的麻雀们

树上的麻雀们

名师点评

小作者在冬天观察了觅食中的麻雀，从个体到群体，从行为到形态都做了详细的描述，虽然绘画手法稍显稚嫩，但特点突出，是一幅很棒的自然笔记。

扫码看视频

救助小鸟

◎ 皮希煜

时间：7月25日晚

地点：北京姥姥家

记录人：皮希煜

暑假期间，我去姥姥家玩。晚上忽然发现窗台上有一个毛茸茸的小毛球，我赶快叫姥姥出来看。姥姥说好像是一只小鸟，就动手把它抓了起来。啊，果真是一只小鸟。小鸟的羽毛还没有长齐，腹部是灰白色，翅膀灰褐色带点黄色。我赶紧找了一个小笼子把小鸟放了进去，还给它准备水和食物。我查《鸟类百科全书》，终于知道了小鸟是白头翁的幼鸟。白头翁的幼鸟头部是灰色的，等它长成成鸟头顶的羽毛就会变成纯白色，背部和尾部的羽毛也会变得黄中带绿，漂亮极了。

通过查资料，我知道白头翁是杂食鸟类，果子、昆虫、草籽它都吃。从明天开始，我要好好照顾小鸟宝宝，给它捉好多小虫子吃，让它快快长大，找它的妈妈去。

白色的头顶
褐色的眼睛
黑色的嘴
背部和腰部为灰绿色
颏喉部是白色
翼尾部带黄绿色
胸部是灰褐色
脚是黑色的
腹部和尾下羽毛是灰白色

名师点评

小作者记录的是一次难得的体验过程——救助小鸟，作品体现了真情实感，对小鸟的喜爱，同时小作者也通过查资料对小鸟进行了了解，这些都是值得肯定的，但作为野生鸟类是不适宜个人养殖的，建议小作者进一步学习野生动物保护方面的知识，能够更科学地参与保护野生动物。

会飞的老鼠——麻雀

◎ 刘瑞霖

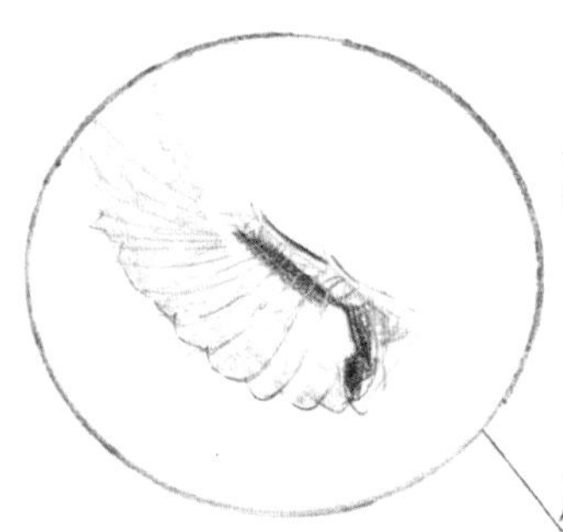

麻雀的翅膀是半月形，翅膀在羽毛之间还有一些狭小的空间，可以让它们减轻重量，便于快速的行动，但是这种翅膀不适合长时间飞行。

麻雀的翅膀

麻雀的食物

麻雀是杂食动物。成年麻雀春、冬季主要以各种杂草为食物，夏、秋季主要吃禾本科植物的种子。除种子外，它们也吃小型昆虫、蔬菜、水果、谷物等其它食物。

时间：2021.5.25
地点：小区花园
记录人：刘瑞霖
天气：晴

名师点评

本作品观察的是最常见的鸟类——麻雀，能够对身边司空见惯的生物进行细致入微的观察，这一点非常值得肯定。在作品中小作者对麻雀身体各部分进行了分解描述，绘制较为准确，但关于麻雀巢的部分还需要小作者进一步的观察或查资料确认，以确保作品的科学性。

自然笔记——麻雀

◎ 阚诗程

名师点评

本作品描述的是麻雀，麻雀是最常见的鸟类，往往被人们忽视，能够从身边生物开始观察是一个不错的选择。小作者对麻雀形态的绘制还需要进一步加强，注意各部分的比例，同时本作品过于偏重资料堆砌，缺少自主观察与思考。

扫码看视频

黄蓝金刚鹦鹉

◎ 王羽凡

观察时间：2021年12月21日
观察地点：鹦鹉园
记录人：王羽凡

黄蓝金刚鹦鹉（Psittacidae）

它的主调为蓝色，自额至上体为翠蓝色，经眼下至喉部有条黑色羽毛，腹部橙色，翅膀和尾翎紫蓝色。虹膜淡黄色，鸟喙铅黑色。

脸

金刚鹦鹉的眼睛周围会有裸露的皮肤，都是白色的，而且布满了条纹。

黄蓝金刚鹦鹉的体长约94cm，翅膀展开约114cm，尾巴约长50cm，与身体1/2长度相同，体重在995～1300克左右。

食物 ……

金刚鹦鹉的食量很大，喜欢水果、坚果，在野外，蓝黄金刚鹦鹉会吃种子、嫩叶、花朵……有力的喙可将坚果啄开，用钝舌吸出果肉。

脚

金刚鹦鹉的脚是对趾足，每只脚有4只脚趾2前2后，有利于抓握，属于典型的攀禽。

名师点评

本作品描绘的是动物园里的金刚鹦鹉，小作者对鹦鹉的体型体色描绘的比较准确，特别是注意观察了鹦鹉脚爪两前两后的特征，并点明了鹦鹉属于攀禽，这点非常值得肯定。但金刚鹦鹉非北京本土物种，不符合本次活动的要求。

扫码看视频

金翅雀

◎ 马冠彤

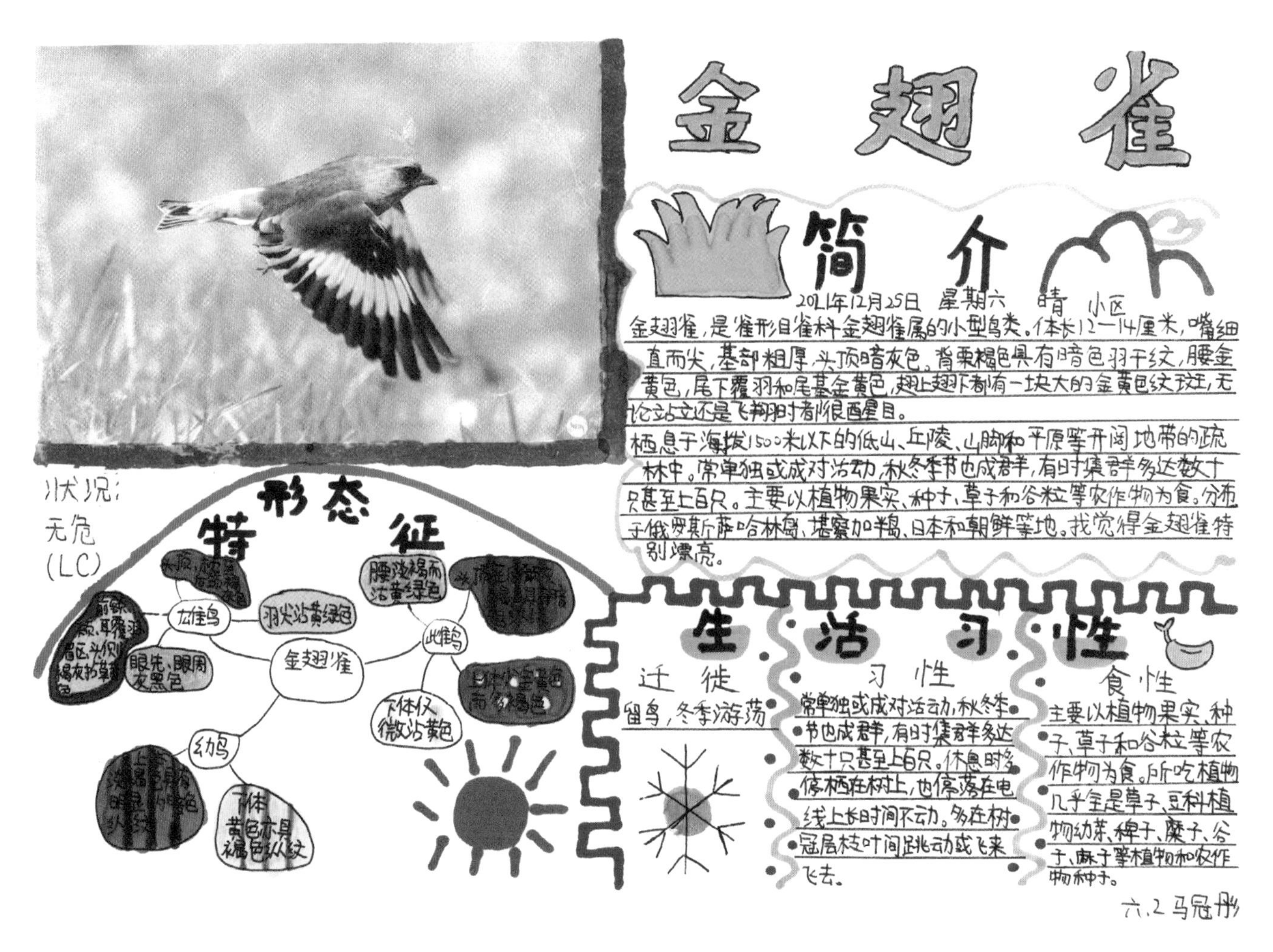

名师点评

金翅雀是北京地区常见的鸟类，本作品用照片与思维导图相结合的方式介绍了金翅雀的形态特征和生活习性，但明显缺少自主的观察，主要是资料的摘抄，希望小作者能够更多地去进行观察，将会收获更多。

长耳鸮

◎ 国玥

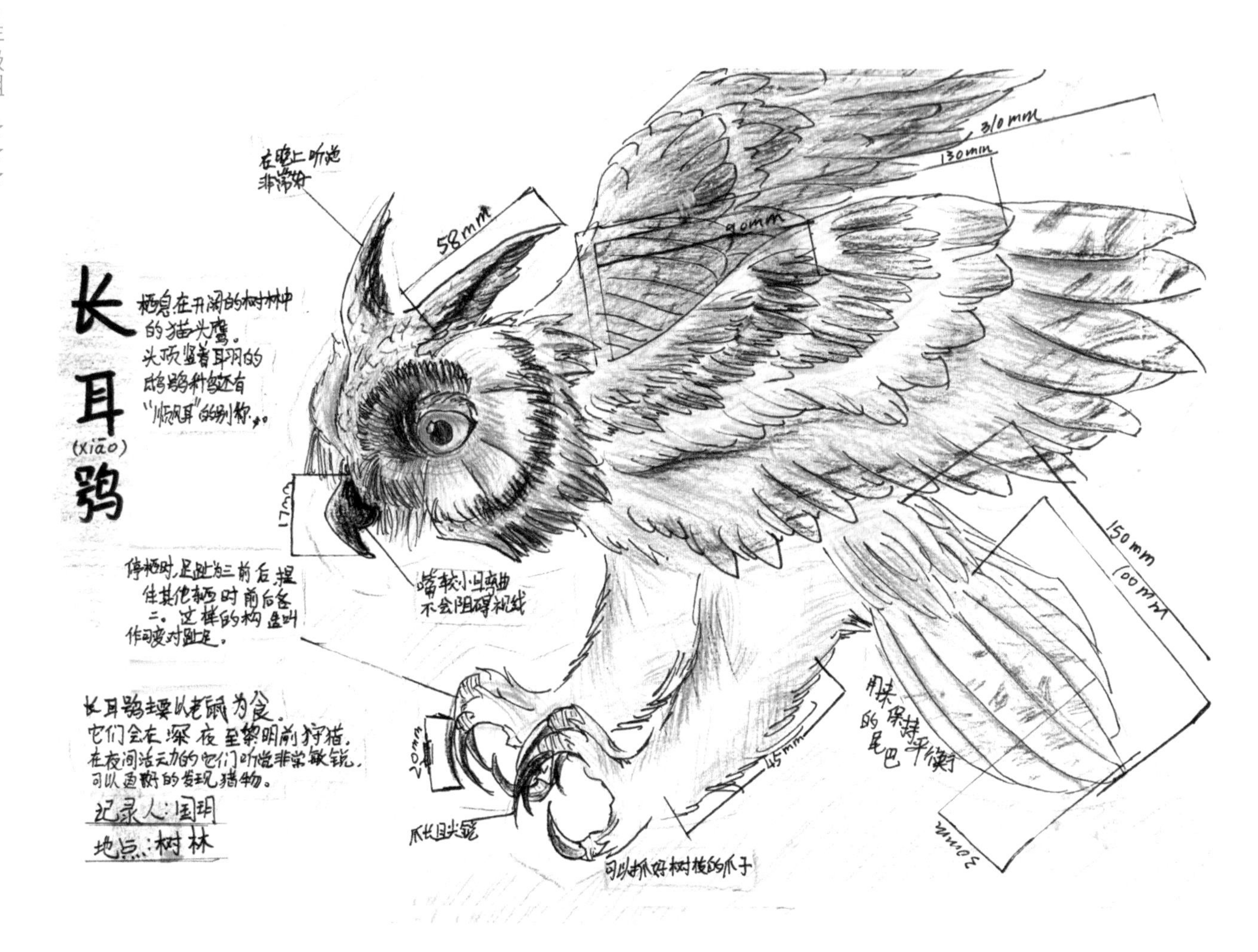

名师点评

本作品描绘的对象是北京地区的冬候鸟、夜行性猛禽——长耳鸮，从图画本身来看，小作者力求突出长耳鸮的形态特征，如耳羽簇、面盘、锋利的脚爪。但作品没能很好地体现出它的栖息环境，对耳羽的描述也存在错误，耳羽并没有听声音的作用，其耳位于长耳鸮面盘的两侧，小作者以后要加强相关知识的学习。

鸟类观察

◎ 朱子沛

红领巾公园至2021年5月共观察到鸟类80余种。
鸟类的生态类型分为8个，除了两个不会飞的走禽鸵鸟类和水禽企鹅。
其余6个在红领巾公园都可以观测到

名师点评

作者对红领巾公园的鸟类进行了持续性观察，在持续的观察中小作者共记录到80余种鸟，这个成果相当了不起。在本作品中，小作者没有专门介绍某一种鸟，而是对鸟类进行了分类，对六大生态类群嘴与脚爪的特点进行比较，作品虽然简单但能体现作者对以往观察的总结，这一点值得肯定。

扫码看视频

金雕

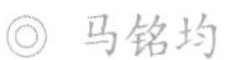

金雕 学名：Aquila chrysaetos
外文名：Golden Eagle

形态：
头顶黑褐，羽毛尖像叶子，嘴黑色，爪子暗黑。翅膀内侧白，尾除羽尖黑外其他白。

金雕
中文名：金雕
拉丁学名：Aquila chrysaetos
别名：金鹫 老雕 洁白雕 鹫雕
界：动物界
目：隼形目
科：鹰科
属：真雕属
门：脊索动物门
亚门：脊椎动物亚门
纲：鸟纲
亚纲：今鸟亚纲
亚目：隼亚目
亚科：雕亚科
种：金雕

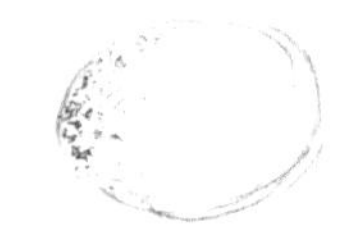

巢外径约一米半，
蛋直径约7-8厘米。

笔记：雕两翅举成"V"状，一爪抓住狐狸脖颈，一爪抓住眼睛，翅膀向下一扇便飞到石上分裂食物，带回巢中。

天气：晴

北京发现金雕地点：野鸭湖湿地公园

记录人：马铭均 发现时间：5月1日

名师点评

在野鸭湖观察到金雕，实属幸运，还看到金雕抓狐狸更是难得。小作者能够以自然笔记方式对所见情形进行记录，从侧面反映北京生态环境变换，让人耳目一新。作品对金雕整体及细部都进行了绘画，对笔记对象有了较为全面的观察，这样情形并不多见，建议小作者以后可以抓拍一些照片，增加一些环境描写，让笔记内容更加充实。

扫码看视频

灰喜鹊

◎ 张天阳

灰喜鹊

你知道吗？

基本信息

观察对象：灰喜鹊

观察时间：2021.9.11

观察地点：莲花池公园

天气：晴

记录人：张天阳

（阳光充足有反光的因素）↗ 在太阳下羽毛反光颜色多且鲜亮，特别美丽

—它喜欢吃这样红红的小果子

后背为蓝灰色，但反光后产生视觉差为紫粉色

—尾部比例较长

什么是灰喜鹊？

灰喜鹊属雀形目，鸦科的中型鸟类。外形酷似喜鹊，但稍小。体长33～40cm。嘴，脚黑色，额至后颈黑色，背灰色，两翅和尾灰蓝色，初级飞羽外翈端部白色。尾长，呈凸状具白色端斑，下体灰白色。外侧尾羽较短不及中央尾羽之半。栖息于开阔的松林及阔叶林，公园和城镇居民区。杂食性，但以动物性食物为主，主要吃半翅目的蝽象，鞘翅目的昆虫及幼虫，兼食一些植物果实及种子。分布于西班牙半岛，法国，蒙古北部，黑龙江流域至朝鲜半岛，日本。中国东北至华北，西至内蒙古，山西，甘肃，四川以及长江中下游直到福建。

观察笔记场景1

飞起来的羽毛——很漂亮

阳光照射充足

在莲花池公园游玩时忽然觉得身边的树有动静，仔细一看有一只头部暗蓝，身上发灰的鸟，因为阳光的反光，让我觉得它身上发着紫粉色。之后看见它在食用一种粉红色的小果子，以我的经验来讲这应该是海棠果。树上的鸟儿我断定是山喜鹊，给它留下照片。发现它正是，但它学名叫作灰喜鹊。虽然常见，但这也是我第一次这么留心的观察，发现它。

场景1

—食用树上的小红果子

它在草地里跳来跳去，有时会把尾部翘起

场景2

观察笔记场景2

之后我向公园深处走去，只见有一大片绿地吸引了我，在远处的草地上也有一只灰喜鹊，样子精致可爱却又有一点可笑。它在草里是跳着走的，时而将头抬起，时而又把头低下，尾巴也会随之抬起。（长长的尾巴给了它很好的平衡力。）

观察与总结：这是我头一次这么用心的了解观察我身边的生物，大自然很神奇，我一定要多多留心，多多观察，这样我的自然知识才会日渐丰富！

从这幅作品中可以看出小作者是一名资深的观鸟爱好者，小作者聚焦于灰喜鹊，对灰喜鹊进行了长时间的定点观察，从形态、觅食、行为、运动方式都做了详尽的描绘，这是我们非常提倡的一种观察方式，是非常棒的一幅作品。建议进一步观察灰喜鹊的体型体色，将会绘制得更为准确。

万类霜天竞自由——记一次观鸟行

◎ 孙不凡

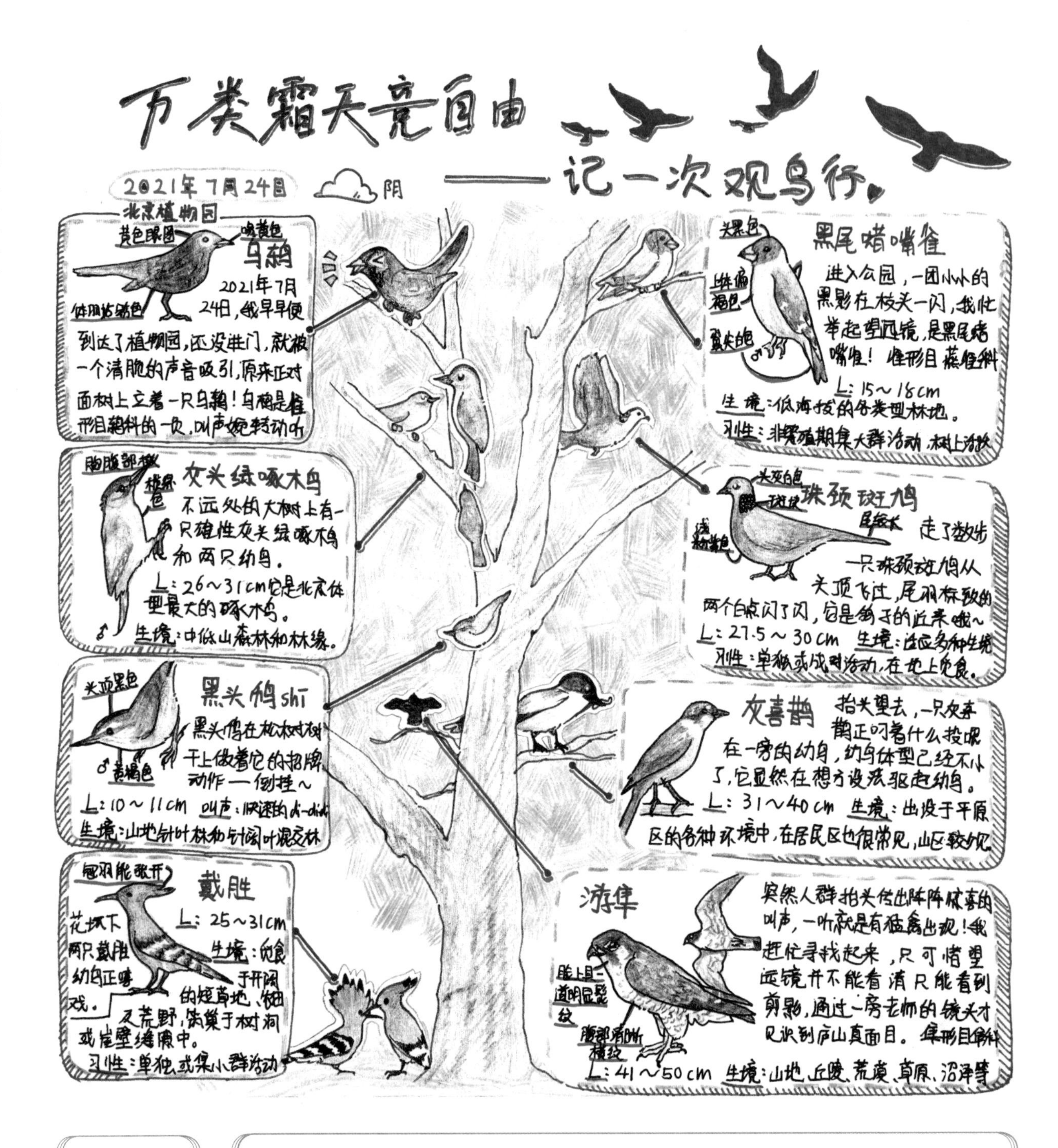

名师点评

本作品小作者记录了一次观鸟活动，以一棵大树为中心，共记录了8种鸟，从形态特征到行为特点都做了详细的描述，通过描述能够看出小作者进行了非常仔细的观察，是真实的记录，图文并茂，科学性强，是一幅很棒的作品。

鸳鸯

◎ 周嫒芮

鸳 鸯

鸳鸯属于雁形目鸭科，雄鸟的颜色十分华丽，嘴红色，身体有棕黄、蓝、绿等多个颜色，还有金属光泽，非常漂亮。

此雌鸳鸯的颜色暗淡全身都是灰褐色，眼圈是白色，向后延长出一条白线。

鸳鸯常被当作爱情的象征，但它们只在求偶期成双入对。雄性不会帮助抚育后代，孵蛋育雏全都是鸳鸯妈妈的工作。

2021年 8月18日
麋鹿苑
晴
姓名：周嫒芮

名师点评

本作品绘制的是鸳鸯，小作者对于雌雄鸳鸯体型体色的描绘把握得很到位，文字也比较准确。但结合作品的时间和地点，对于鸳鸯的描述更像是资料学习的成果展示，而缺乏自主的观察与思考，希望小作者能够增加自己观察到的现象，作品会更完善。

金翅雀和花椒树

◎ 董孟祺

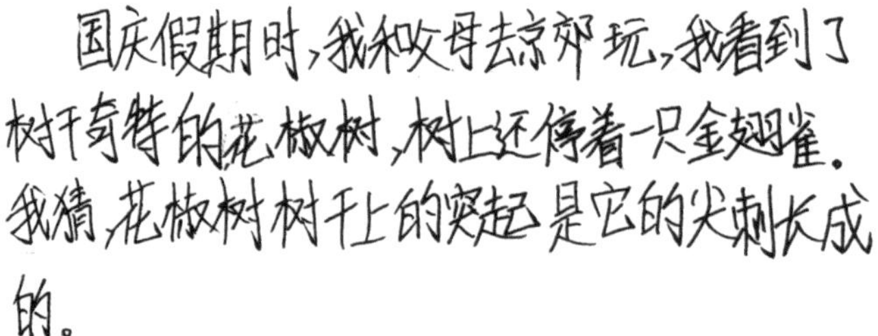

国庆假期时，我和父母去京郊玩，我看到了树干奇特的花椒树，树上还停着一只金翅雀。我猜，花椒树树干上的突起是它的尖刺长成的。

花椒，芸香科花椒属落叶小乔木，枝有短刺，叶有小叶片，叶轴常有甚狭窄的叶翼。小叶片对生，有卵形、椭圆形、稀披针形，无柄。

金翅雀，雀形目雀科金翅雀属的小型鸟类。体长12-14厘米。嘴直而尖，基部粗厚，头顶暗灰色。背栗褐色具暗色干纹，腰金黄色，尾下覆羽、尾基金黄色。

名师点评

本作品呈现的是金翅雀和花椒树，作品分别描述了两种生物的细节特征，画面淡雅清新，动植物的特征明显，但建议增加对动物行为的观察以及动物与植物的关系的描述。

其他

麋鹿的“四不像”

◎ 常雅茜

麋鹿的“四不像”

麋鹿“四不像”的特点让它非常适应在湿地环境中生活

能“倒立”的角

麋鹿只有公鹿会长角，母鹿没有角，与其它鹿不同，麋鹿角主枝在前面，向后分叉，倒立在地面上也不会倒。这样不容易被湿地中茂盛的植被挂住。

“马脸”

麋鹿的脸非常长像马一样。这样便于它在湿地中采食植物，同时还能观察周围环境。

“驴尾”

麋鹿的尾巴是所有鹿中最长的，末端有一束长长的毛，像驴尾巴一样，可以帮助麋鹿驱赶蚊虫。

“牛蹄”

麋鹿有像牛一样宽大的蹄子，这样增大与地面的接触面，适宜在湿地沼泽中行走。

时间：2021年8月15日

地点：北京南海子麋鹿苑

天气：晴朗

记录人：常雅茜

名师点评

小作者绘制的麋鹿很精美，也比较准确，文字部分主要介绍了“四不像”这一名称的由来，但本作品缺少小作者的自主观察与思考，如能够增加观察时看到麋鹿有什么行为，这些行为和它身体结构之间的关系，作品将更上一层楼。

长颈鹿

◎ 曹书凡

长颈鹿：自然进化的奇迹

长颈鹿生活于稀树草原地带，由于那里的树木多为伞型，树叶集中在上层，长颈鹿进化出较长的颈和四肢，可以吃到树叶。这真是一个自然进化的奇迹！

二〇二一年十一月二十七日
星期六 多云
北京动物园
记录人：三(2)班 曹书凡

名师点评

本次自然笔记提倡学生在自然环境下观察本土物种，小作者观察的是动物园里的长颈鹿不太符合本次活动主题。但作品完成度还是比较好的，绘画、版面设计以及文字描述都比较到位。

好玩的蜗牛

◎ 宋梓辰

这是我弟弟在小区里捡到的蜗牛。它爱吃水果，比如苹果，它如果在你手上爬，会特别好玩！

时间：10月2日
地点：家里
天气：晴
记录：宋梓辰

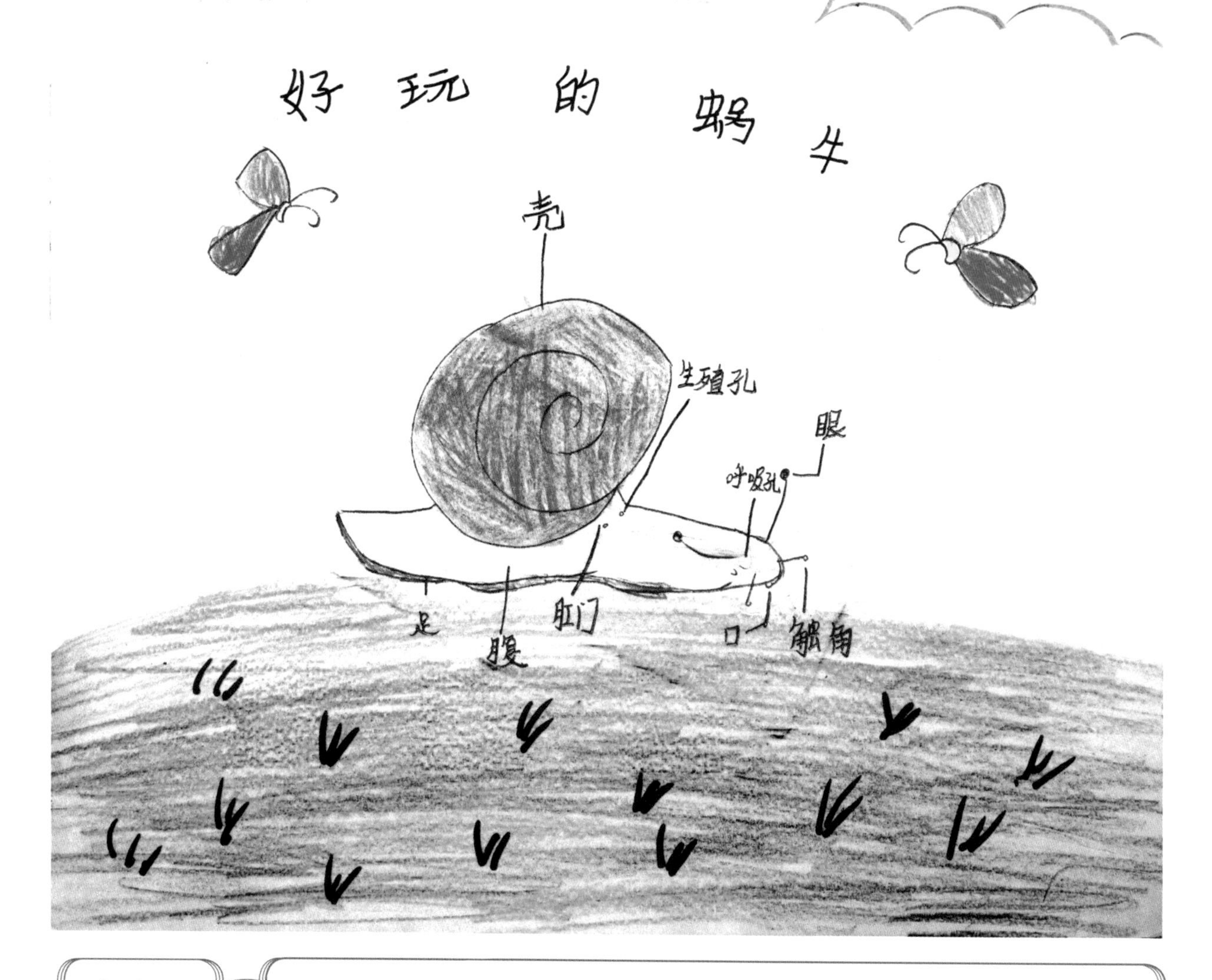

名师点评

本作品的对象是蜗牛，作品的呈现比较符合低年级同学的特点，充满童趣，建议小作者可以在观察蜗牛形态的基础上，观察一下蜗牛的生活环境，比较一下蜗牛和其他小动物的区别。

扫码看视频

◎ 任霈潆

我的仓鼠朋友

仓鼠
Cricetinae
动物界
脊索动物门
脊索动物亚门
哺乳纲

这是我的朋友：小披萨和小雪球。它们是奶奶送我的生日礼物。像2个小毛球，好萌呀！

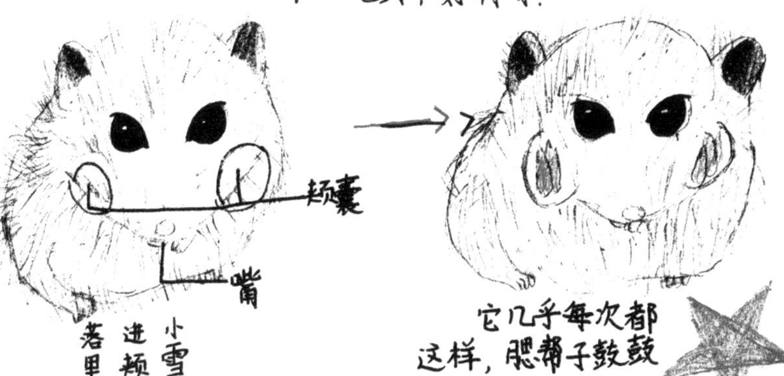

小雪球每次都把瓜子塞进颊囊里，跑到笼子角落里慢慢享用。

它几乎每次都这样，腮帮子鼓鼓的。

仓鼠颊囊

观察地点：家里
观察时间：2021.12.25

我查阅资料发现，仓鼠用颊囊有2种主要原因：
1. 贮存来不及吃的东西
2. 搬运食物

如果我也有颊囊，就可以把糖果藏在里面，不开心的时候来上一颗，多棒啊！

名师点评

本作品观察的是在家中饲养的仓鼠，小作者用充满童趣的语言记录了仓鼠的一些有趣行为，让人读起来忍俊不禁，可以看出仓鼠已经成为小作者日常生活中不可或缺的好伙伴。建议小作者有机会也可以走出家门，观察自然中的物种，感受自然界中的有趣现象。

流浪猫

◎ 蒋雨璇

扫码看视频

到了夏天，酷暑难耐时，小猫无精打采，猫们都瘫在地上。

寒风瑟瑟，一只流浪猫缩在树底下抱怨，这场大雪真讨厌，把我冷个半死，还饿了都不能吃到食物。

要知道，猫猫是很怕水的小动物，所以，你现在知道它有多冷了吧？

这几天我发现流浪猫的大家庭群里又多了几只新小猫，这是为什么呢？因为流浪猫受食物限制，所以会集中在8、9月发情，赶在冬季来临前生下小猫。

名师点评

本作品是对流浪猫的持续观察，小作者细心地记录了小区里流浪猫在一年四季中的不同表现，同时还表达了自己的一些思考。但受年龄和知识的限制，小作者没有对小区里出现大量流浪猫这一现象进行更科学理性的思考，这可能需要家长或指导教师对学生加以引导。

扫码看视频

松鼠

◎ 崔轼弢

我和妈妈爸爸到公园去玩，看到公园中心的松树有只小松鼠跑来跑去，动作特别快。它也好像在试探地四处看，我在离它有一段距离的地方观察。等再回来时它还在，手里还拿着一个干干的松果在啃。

名师点评

小作者观察并记录了公园里的一只松鼠，绘画精美，描述生动活泼，发现松鼠“吃起东西来腮帮子一鼓一鼓的”有趣现象，并对松鼠尾巴及颊囊的作用进行查证描述，可以看出小作者在观察和记录松鼠行为过程，学到了知识。并用图文结合的方式，对所观察的事物做了较好的记录。

金鱼

◎ 薛妮

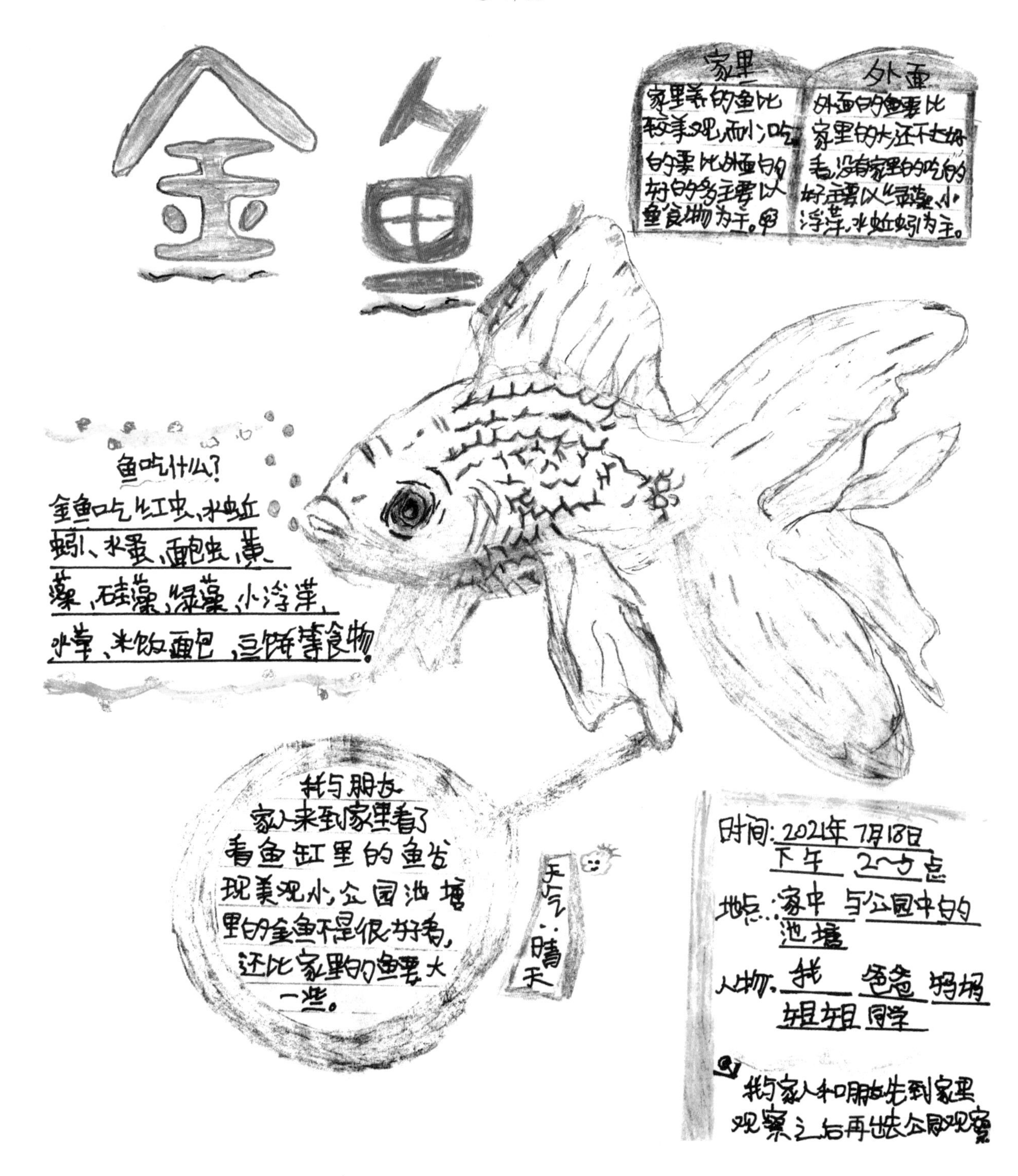

名师点评

小作者观察了家里饲养的金鱼和公园池塘里的鱼，虽然作品绘制比较简单，但运用了对比的方法，比较不同鱼在形态、习性等方面的差异，值得称赞，建议增强观察的科学性，可以适当查询资料，这样作品会更好。

不起眼的苔藓

◎ 黄黎

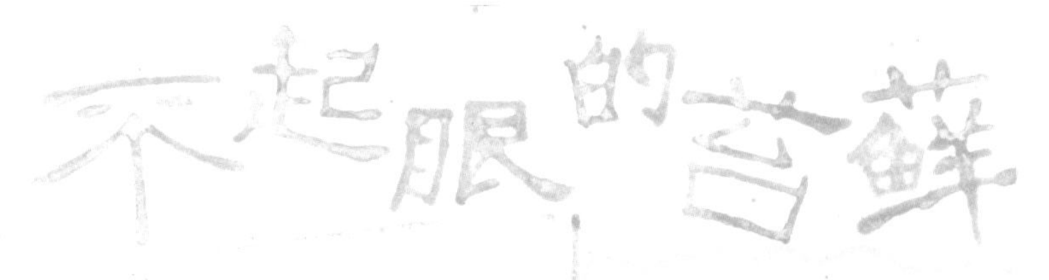

时间：2021.10.5 2时41分
地点：金中都河滨公园
天气：雨后，阴
物种：苔藓
生境：树下，树根旁土堆上

以前，我一直以为苔藓是毛茸茸的一片，从来没有近距离观察过。可今天发生的事让我惊呆了。今天我去观察了苔藓，发现苔藓竟然有叶和茎之分。不起眼的苔藓总是会被我们忽视，但它的作用大着呢！由苔藓生长密集，对周围环境中的污染物较为敏感，它不仅可以紧抓泥土，保持水土，还能吸入污染物，保护环境呢！别看苔藓不起眼，但它也有许多难能可贵的精神品质。像清朝诗人袁枚的"苔花如米小，也学牡丹开"的诗句赞扬了苔藓的坚强与活力。

苔藓不仅坚强，充满活力，还很团结。我发现当远看苔藓时苔藓都聚拢在一起，颜色很深，但近看，却有一些细小的缝隙，颜色较浅，我想，这就是团结的力量吧！小小的苔藓身上竟有这么多值得我们学习的地方，我也要像它一样，虽不出众，但坚强，有活力，做最好的自己。

作者观察了一片苔藓，由于苔藓个体不大，经常被人忽视，但作者通过认真观察，发现苔藓成片生长、手感毛茸茸的特点。但缺乏细致观察和记录，如一株苔藓的形态、喜欢生长的环境等。作者看到苔藓整体状态，激发了感触，由一个小小生命碰撞出对生活的的感悟，这点值得赞赏。

专家自然笔记

有个性的植物朋友

◎ 毕晓泉

大自然是我们的好朋友，大自然中的植物们都有自己神秘的面纱。一些植物对我们的探索很友好，一些植物对我们的探索却没那么友好。当我们计划到自然中去探索之前，需要对自然有一定的了解。对一些或"胆小"或"嚣张"的，自我保护意识很强的植物，我们要做好防护后对它们进行观察、认知和探索。这一次喵喵就为大家介绍一些自我保护意识很强，有个性的植物们吧~

首先要说的是一个大家族，那就是漆树科的植物，说到漆树科喵喵可能会变得啰嗦。在漆树科里有两位脱颖而出的植物，一种是火炬树，另一种是漆树。

【火炬树】

这种身上像点燃着火炬一样的植物，是不是非常漂亮呢？

这种植物的名字就像它们的外貌一样形象——火炬树，它们深红色，密生绒毛的核果，紧密地凑在一起，看上去还真的很像火炬的形状呢。如果看到火炬树，我们就要站住脚步喽，不要试着接近它。

之所以说我们要在它们身前停下脚步，不要接触是因为火炬树的分泌物很多，树脂、挥发油、水溶性配糖体等物质都会引起人们的过敏反应，如果再赶上火炬树的花期，花粉大量增多，那可算得上是伤害技能加倍了。

火炬树的生命力非常顽强，除了种子传播之外，火炬树还会依靠根系繁殖且繁殖力很强，与它自身分泌出的一种特殊的化学物质一起，影响它身边的其他植物生长，算得上是一种非常霸道的植物了。如果在野外看到火炬树，大家就会发现，它们通常是成堆生长，周边并不会看到太多其他的植物。

【漆树】

在野外看到漆树也一定要离它远一点，不要存在侥幸心理，近身观察。在喵喵心里，漆树是真正只可远观的植物。虽然，漆树看上去并没什么特别，对我们人类也做出了很多贡献，不过漆树分泌出来的汁液含有漆酸，与我们的皮肤接触会让我们产生严重的过敏反应，浑身起疹子，又痒又痛，严重的脸和手都会红肿。

就算没有接触到漆树，人们也有可能产生过敏反应，这是因为漆树还含有一种叫做漆酚的成分。可以说漆树是集物理伤害和魔法伤害于一身的植物了。所以在野外看到漆树我们最好和它保持一定的安全距离。

说到这里，喵喵忍不住要叨叨两句，有些人接触芒果就会过敏，喵喵也是这个人群中的一员，而芒果就是漆树科家族中的一员哦~

【蒿属植物】

蒿属植物的种类有很多，长得会有些许不同，但基本上叶片长得都是软软的，不会很厚的样子。我们中国古代传下来，端午前后采摘艾草悬挂在房门旁，可以防止蚊子飞入家中，这里说的艾草也是蒿属植物大家族中的一员。虽然蒿属植物在我国属于原住民之一，也深受人们的喜欢，不过也有人会因为吸入蒿草飘散的花粉或者闻着浓烈的挥发性香气而产生过敏反应，春夏季每每到来，奕奕在蒿草比较多的地方就会不停地打喷嚏、流眼泪。

【三裂叶豚草】

这种植物叫做三裂叶豚草，看上去很高大，花开的也很漂亮，但却是让喵喵非常害怕的一种植物。它的根、茎、叶、花还有种子都含有毒素，我们的皮肤如果接触到三裂叶豚草分泌出的汁液，恰好又接触到阳光那就会产生剧烈的反应，产生严重灼烧感，灼伤皮肤，想一想就觉得很疼。所以又要在这里亮起红灯，如果看到这种植物，可千万不要碰它哟！

三裂叶豚草是一种入侵物种，我们有时会看到新闻，说海关发现有人携带植物种子或昆虫等入境，可为什么海关会检查、扣押这些呢？

这是因为这些漂洋过海来到新大陆的入侵物种一旦成功入侵，它们会直接或间接地入侵当地的生物多样性，改变当地生态系统的结构和功能，造成本地物种的衰退或灭绝，最终可能会让生态系统发生退化，生态系统功能和服务丧失。外来入侵物种不断繁殖、扩散会威胁森林、草原、农田、各种水域等生态系统。一些外来入侵物种还会间接或直接地危害人类的健康。

当然，物种的入侵不是所有都是有人有意而为之，有些是无意间带入或者是自然传播的结果。喵喵在这里说了这么多是想让大家对外来入侵物种有相对更多的认识和理解。

【蝎子草】

蝎子草这种植物如果不碰它还是挺有意思的，因为我们观察它就会发现蝎子草的茎和叶子上都布满了刺。

看到这些螫毛不会还是有人想冒险摸一下吧？

请停止这样的想法！

因为蝎子草的螫毛是中空的结构，底部的腺体可以分泌出酸性物质，一旦我们碰到螫毛尖锐的顶端就有可能被蝎子草蜇伤，没有妥善处理的话就会又痒又疼，很多天才能好。

蝎子草属于荨（qián）麻科植物，荨麻科植物有很多全身都布满了尖刺，尖刺结构和成分也都是和蝎子草的螫毛一样，是熟悉的配方。所以不管我们在探索的是什么植物，都需要先好好地观察一番才保险。

【花粉】

最后我们讲到的是花粉，因为绝大多数植物都是靠花粉的传播繁衍后代的，所以并不能单独讲某一种或者某几种植物对人类友不友好。

每年春天鲜花盛开，从这一刻开始，一些人的花粉过敏就开始显现了。其实并不是花粉引起了过敏反应，而是因为花粉颗粒携带着可以引起过敏的抗原决定簇。相当于花粉们搬家之前还带了纪念品走。在各种植物争抢着开花为春夏季添一抹色彩的时候，空气中会存在更大浓度的花粉，这些花粉被人们通过呼吸吸入鼻子里就可能会产生"奇妙"的反映，引起过敏。

不过，我们都知道，花粉对于生态环境是很重要的存在，如果少了花粉的存在，大多数植物就无法正常产生种子，那么我们所生活的环境就没有这么丰富的生物啦。

植物的传粉方式大致分为两种，一种是风媒传粉，一种是虫媒传粉。

利用风媒传粉的花粉表面光滑，可以随着风更好的"飞"飘风散。

利用虫媒传粉的花粉表面会有很多小小的"刺勾"，便于自己挂在昆虫的身体上。这些小小的"刺勾"除了会被人们吸入鼻腔，还有可能用我们人类肉眼看不到的方式挂到皮肤上，引起皮肤的过敏。

虽然喵喵这次说了这么多"危险"的植物，植物的世界丰富多彩，如果我们聚焦于它们对人类友不友好，那确实有一部分植物对人类不太友好，但这些植物只是在用各种方式让自己更好地生存在地球上。

比如我们提到的蝎子草，它们身上的螯毛人们接触后会有皮肤上的刺激反应，但却可以有效地防止整株植物不被动物啃食；虫媒传播的花粉会引起人们的花粉过敏，但却可以让昆虫更好地携带到其他花朵之上；有些植物我们吃下后会有不同程度的中毒反应，但却可以让植物本身有更少的捕食者……

想通了这些，相信我们就可以更好地和世界中的各种植物友好地相处啦~

问题又来了，在做自然观察探索时，面对植物的多样"性格"我们可以做哪些准备呢？

在野外，如果我们见到了不认识的植物，可以先利用手边的网络试着了解它们，这样可以更有效的减少这些植物对我们的伤害。

那如果我们去做自然观察的过程中无意间和这些植物来了一个亲密接触要怎么办呢？喵喵有几个建议，可以参考一下。

1. 戴口罩——口罩可以有效隔绝花粉发生进入到我们的鼻腔，戴上口罩再做自然观察是个好方法。但如果你已经知道自己对花粉过敏，那么在花粉浓度强的时间里还是要减少在户外的时间，因为花粉也可以通过泪腺、皮肤影响人们，产生过敏反应。

2. 流水冲洗——如果自己接触到了上述几种植物，可以快速找到流动水，对接触到植物的皮肤进行持续性的冲洗，这样的处理方式可以缓解这些植物对我们造成的伤害。

3. 及时就医——如果上述植物分泌的汁液进入到我们的眼睛中，同时我们已经感觉到不舒服，那么就需要我们及时地去医院寻求医生的帮助，毕竟眼睛对于我们来说还是非常重要的。

写在最后

喵喵整理这篇自然笔记的目的并不是为了让人觉得大自然危险重重，让大家对接近自然产生恐惧。而是希望我们能对身边的自然有更多的了解，只有了解才能让我们可以更好地和自然和平共处，用更恰当的方式和自然成为朋友~

自然笔记

◎ 覃舒婕

参考自崔玲

卧佛寺 古蜡梅

一级古树

观察日期：2021年2月18日(四)　天气：多云 16°C～-2°C

蜡梅科 蜡梅属 花期：11月～翌年3月

又名"京城蜡梅之最"

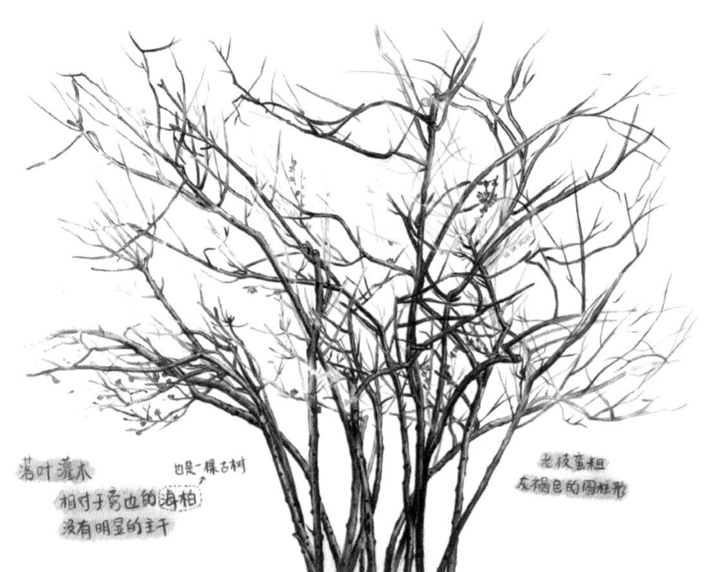

2月立春后，紧接着是春节，春节假期刚结束的植物园卧佛寺里，只有蜡梅花顶着严寒开放。

寺内天王殿前东侧，著名的"京城蜡梅之最"正值盛花期。枝上开满蜡黄色花朵，叶子还没长叶芽，枝头挂着少许去年没掉的枯叶，和去年宿存的"果实"(其实是果托)。

冬日北风将果托吹落，果实掉在泥土里，钻出西瓜般的小苗，和分蘖出的新枝完全不同，它是新的希望。

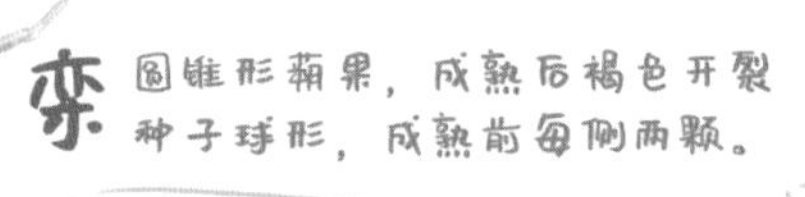

早秋某个梦里，我变成挂在枝头的红色果实，梦醒后，以此为契机，前往园中寻找小红果，除此以外有月季与海棠的梨果；玉兰的蓇葖果；有白色斑点的牛奶子果实。

栾

圆锥形蒴果，成熟后褐色开裂

种子球形，成熟前每侧两颗。

金银忍冬

红色圆形浆果，对生长在叶腋的果序梗上，果梗很短。

小红果旅行主角在此。

葱皮忍冬

枝条和叶上有短毛，

果实上有撕裂状小苞片。

平枝栒子

小型梨果球形，剖开骨质3颗小核很大

血皮槭

果序聚伞状，翅果上有绒毛会从空中转圈螺旋下落。

矮紫杉

杯状假种皮包裹着紫红色种子，单生在叶腋。

紫叶小檗

椭圆形浆果，果实表面光滑，幼枝淡红中带绿，枝上有刺。

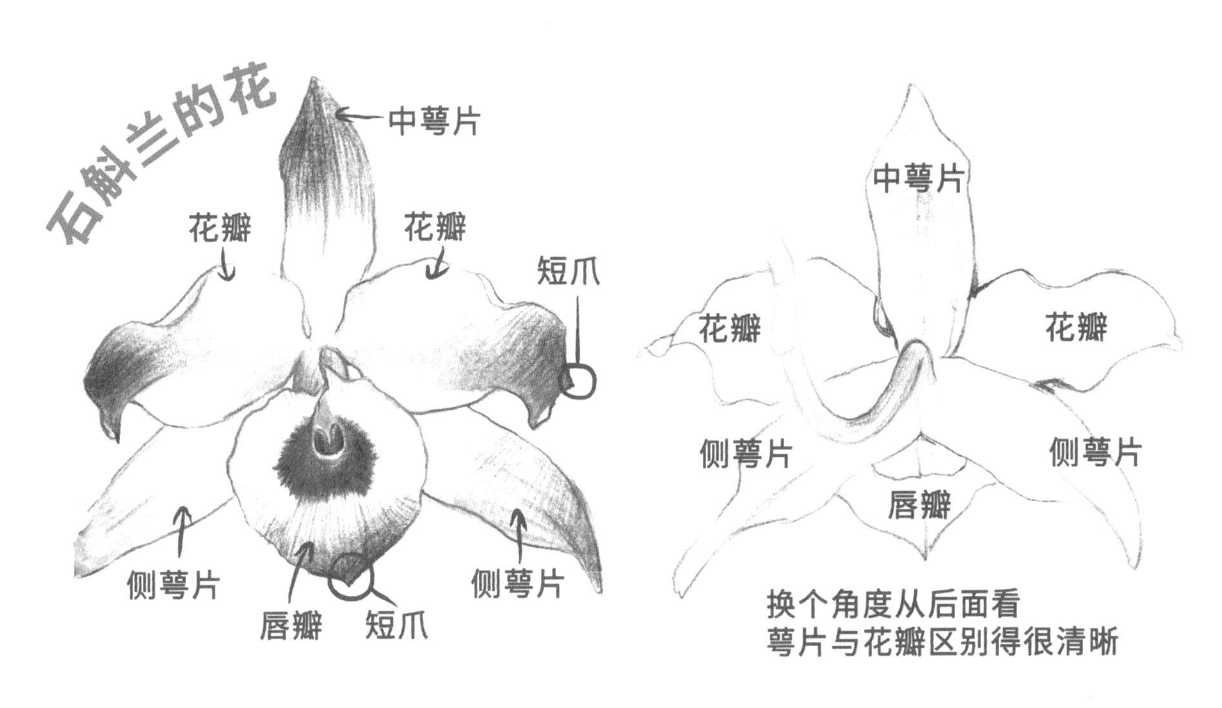
石斛兰的花
中萼片
花瓣
花瓣
短爪
侧萼片
唇瓣
短爪
侧萼片
中萼片
花瓣
花瓣
侧萼片
侧萼片
唇瓣
换个角度从后面看
萼片与花瓣区别得很清晰

总状花序
长在老茎中上部
石斛老茎
筒状鞘
圆柱形茎
回折弯曲
茎下部逐渐收窄
石斛幼茎
一年生
嫩绿色茎
回折不明显
茎下部较粗
石斛自然笔记

喇叭沟门的貉朋友

◎ 吴迪

“貉”这个字单独提出来恐怕没几个人认识，但提到“一丘之貉”，相信很多人便会露出恍然大悟的表情，“一丘之貉”的成语出自班固所写的《汉书·杨恽传》。原文是“若秦时但任小臣，诛杀忠良，竟以灭亡，令亲任大臣，即至今耳，古与今如一丘之貉。”这话中所表达的一部分意思有自古君王所处位置相似，所以常常思维模式相似。结果千年来语义逐渐变化，慢慢就变成了形容彼此就像一个山丘上的貉一样都是坏人了。而貉，这种我们身边常见的小兽莫名其妙地就被污名化了，着实冤枉。

貉，犬科动物，很多地方又有俗名叫做貉狗子
图片来源：中国猫科动物保护联盟

一、貉的外貌

貉是一种广布于中国、朝鲜半岛、俄罗斯远东地区和日本等地的小型犬科动物，它们和一般的小型家犬体型相仿。如果从整体外形去观察，它们的头体长 450 ～ 660mm，尾长 160 ～ 220mm，体重一般在 3 ～ 6kg，肥粗扁胖的身材再加上蓬松的毛发，以及有些像北美浣熊一样的脸，所以经常被错认。不过好在野生北美浣熊只分布在美洲大陆。如果你在东亚的山野之中看到一只胖乎乎的“小狗”，眼睛以下和四肢是黑色的，并且行动略显笨拙，那很可能就是遇到了我们的“貉朋友”。

貉的英文名叫 Raccoon dog 并不是没有原因的

从体色上区分，北美浣熊体色为灰色，而貉则呈棕褐色。

从体表斑纹观察，北美浣熊与貉的区别主要在面部、四肢及尾部三个部分。

面部：北美浣熊的“眼罩”呈条带状，而貉的“眼罩”则自眼部以下蔓延整个面部，且颊部有蓬松的长毛。

四肢：北美浣熊的四肢与体色相同，而貉的胸部、腿和足呈暗褐色。

尾部：北美浣熊尾部有黑白相间的环纹，而貉的尾部蓬松，尖端呈暗褐色。

二、貉的生活

貉喜欢以家庭为单位聚族而居，一夫一妻，有时还会带着正在抚养的 5~8 个孩子，而它们往往会选择在大树根部的土丘或是树洞中筑巢，所以这也正是古人眼中一丘之貉的由来，一家人嘛，自然要整整齐齐。

貉喜欢生活在低海拔且有河湖沼泽的地方，特别是植被丰富，尤其是潮湿的、有蕨类植物覆盖的林下觅食。而它们觅食的时间主要是在夜间，没错它们是夜行性动物。脸上标志性的黑“眼罩”除了可以用来伪装、避免天敌发现以外，同时无意间还起到了类似“墨镜”的作用，让它们更容易在如今越来越纷繁复杂的环境中生存。

貉们的身材普遍圆滚滚，这“肥硕”的身材和不成比例的短小四肢，让他们的行动不甚灵活，因此猎物往往是一些便于捕捉的蜗牛，或者是地上乱爬的昆虫、稚鸡蛋，或是其他在地上孵化的鸟蛋甚至是腐肉，有时也能抓到一些行动不太敏捷的啮齿动物。当然，犬科的貉也是个游泳的好手，所以它们也经常会在沼泽河谷中捕鱼捞虾或是抓青蛙、蟾蜍这些行动缓慢的两栖动物，当然它们的食物中还有大量易于采集的植物根茎、各种浆果等果实，植物的嫩叶嫩芽甚至是田地中的玉米、马铃薯等农作物，总之就是什么都吃。

红外相机下的貉一家

图片来源：中国猫科动物保护联盟

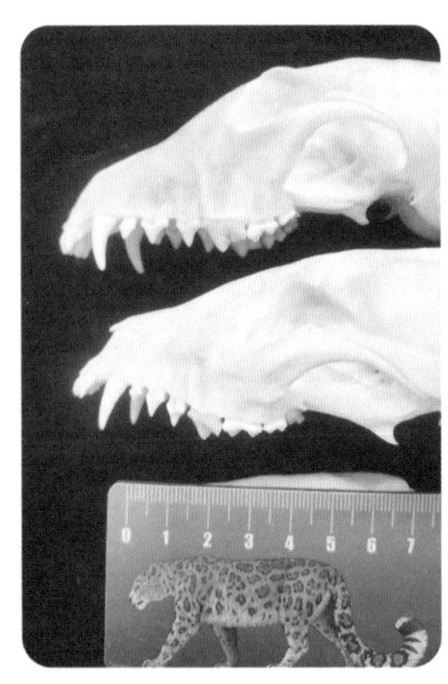

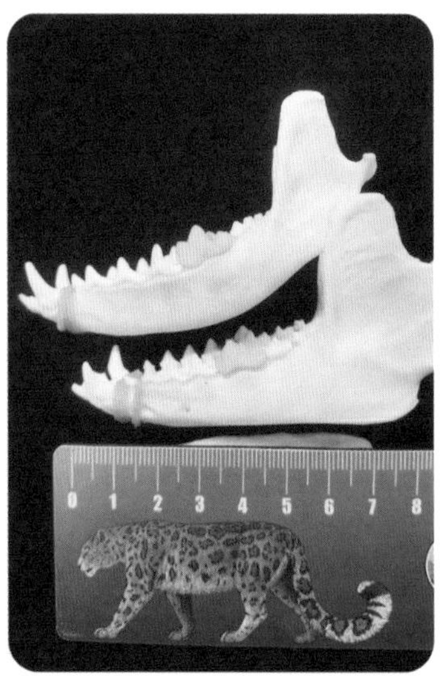

赤狐（上）与貉（下）的裂齿对比

这是貉和赤狐的牙齿对比照片，它们都有着类似的圆锥形犬齿，这种犬齿可以在捕猎时刺穿皮肉，看起来很是霸气，然而犬齿并不是食肉动物的标配，它们后方的裂齿才是，裂齿的位置在上颌最后 1 枚前臼齿和下颌最前 1 枚臼齿的位置。上裂齿两个大齿尖和下裂齿外侧的两个大齿尖在咬合时像尖锐的刺刀，可将韧带、软骨切断。然而貉无论是裂齿还是犬齿，都相对较小。

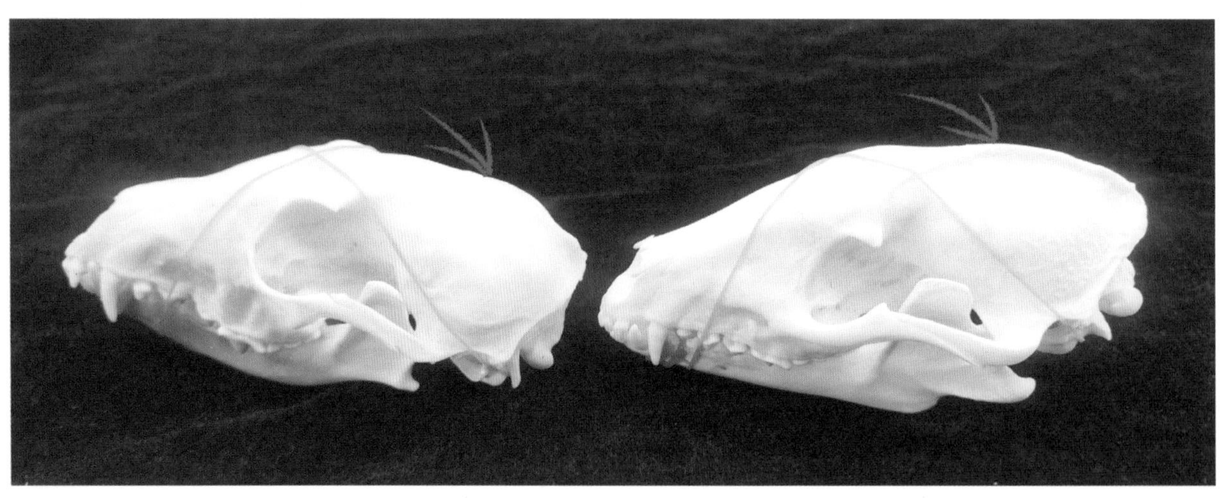

左图为赤狐，右图为貉，箭头标注处为矢状脊

另外它们头骨上方的矢状脊也相对较小（与狼等相比），这里是附着肌肉，提供强大咬合力的地方。貉的矢状脊虽然与赤狐相比略大，但与犬科大佬——狼比起来还是差很多的，再加上它们圆滚滚的身材和短小的四肢，总之，它们很难进行真正的猎杀，而更像是在游荡、采集食物。

貉是很讲卫生的动物，从不“随地大小便”，每只貉都有自己专门的厕所，所以往往可以通过这些痕迹观察它们最近吃的怎么样。

上图中粪便是在相对较早的夏季留下的，所以图中昆虫的比例很高，可以很清晰地看出绿步甲与麻步甲的鞘翅残骸

下面两张图则是在相对较晚的秋季留下的，因为其中含有大量的山楂果渣及动物的冬毛，很可能是捡拾了其他动物的残羹剩饭

含有大量动物冬毛的貉粪

三、貉与邻居

野猪在树上留下的痕迹（一般野外工作将这类痕迹通称抓痕）

狍在树上留下的痕迹

野生动物们并不是孤独地生活在山林中的，它们也有自己的“邻居”，左邻右舍都会产生各种交集，比如野猪和狍子有意无意在树上留下的痕迹，向同类宣誓自己的存在，而貉子们作为这些动物的邻居，并且是有着固定住宅的常住

居民，往往也会有一些“访客”前来串门。比如这些豹猫留下的粪便，几乎在山脊线的兽道上发现的每个貉厕所里，都可以找到豹猫的粪便。作为北京山中目前的顶级掠食者，豹猫有这个自信在兽道的中央宣誓自己的主权，以睥睨群雄的姿态留下自己的便便。

貉厕所上的豹猫粪便，可以清晰地看出其中动物毛发的含量非常高，这标识了豹猫纯食肉动物的身份

豹猫这样做倒也不无道理，毕竟同样作为小型捕食者的貉，在生态链条中的位置和它相近，有时还会捕捉它们爱吃的啮齿动物，这种事自然不能忍，所以豹猫一旦有机会，是有可能捕杀落单的貉幼崽的，这样既可饱腹还可以减少领地内的竞争者，而貉对此唯一的解决办法就是看好自己的孩子，所以貉在觅食的时候经常是集体行动，不但看好了自家娃，同时还可以壮壮声势，有时遇到游荡的狗獾、猪獾这种比自己体重大一倍有余的对手，还可以全家齐上阵把对方赶跑。

四、貉以为家

如今在北京周边，适合貉生活的区域已经不多了，它们喜欢的河谷低地同样也是人们的宜居场所，人与兽常常争抢生存空间，而兽往往是失败的一方。

如果留意一下貉在中国的分布，不难发现它们的主要栖息地都在胡焕庸线以东，这恰恰也是人口分布的集中区，所以自古貉就和中国人结下了不解之缘，它们出现在我们的各种诗词与故事中，贯穿数千年的文明史。然而到了现代，由于城市扩张和环境的破坏，我们已经很久没有见到过貉和它们那些动物邻居的身影了，这是一个不得不说的遗憾。

希望在新的千年里，在已经转变观念的人们共同努力之下，可以迎回我们的貉朋友和它们的那些邻居们，让我们继续以貉为友、与动物为邻。

相互联结的生命
——京西林场斋堂山自然观察记

◎ 刘文泽

斋堂山是京西林场海拔最高的保护地，位于西山深处，属太行山脉，是我国第二阶梯到第三阶梯的过渡地带，最高海拔 1 610 米。

在斋堂山上，生长着华北落叶松、油松、白桦、山杨、白蜡、各种栎树等高大乔木，林下灌木、草本植物丰富，是观察北京生物多样性的好去处。

现在的孩子们大多知道非洲草原的各种动物，了解亚马孙雨林的神奇物种，对北京有哪些野生动物却是一知半解。让北京的孩子了解北京的生态、能如数家珍地说出本地野生动物，感受北京的生物多样性，是到斋堂山开展自然观察的重要原因。

直接观察法、痕迹观察法和红外相机拍摄法，是了解野生动物最常用的三种方法。

（一）直接观察法

9 月下旬，北京城内还感受不到秋意，斋堂山上却是秋意正浓。这里的动物、植物奋力地利用夏日遗留热量，应对即将到来的寒冬。

行走在山中的小路上，脚下的落叶、枯枝发出清脆的“咔嚓咔嚓”之声，像是走在薯片上。一只松鼠被这声音惊动，转身冲上了大树，逃跑的时候还不忘停下来观望，恋恋不舍的样子，仿佛有什么事情没有做完。

就是这短暂的停留，让我看清了它的样貌：十几厘米长的身体后拖着一条不怎么蓬松的尾巴，黄褐色的背部有 3 条醒目的黑色条纹。这是一只小巧可爱的隐纹花松鼠，也被称作“三道眉”，是北京常见松鼠之一。如果观察得足够仔细，还能发现它们脸上也有一条白色条纹至耳根处，眼睛上下也有明显的白眼眶。

走到隐纹花松鼠的逃离地点，发现地上有几个刚刚抛开的小坑，周边还散落着许多橡子壳（各种栎树的果实）。看来小家伙正在大快朵颐，给自己贴秋膘，还准备把吃不完的食物藏在小坑中。怪不得逃跑的时候很不情愿的样子。

储藏食物是松鼠的习性之一，北京常见的北松鼠、岩松鼠也有这种行为。有些储藏地点被忘记了，被埋藏的种子就会生根发芽，促进了森林的更替生长。斋堂山上生长的油松、栎树（人们常说的橡树）、柏树等种子含油量高的植物，和松鼠就这样互利互惠地生存下来。

隐纹花松鼠	北松鼠	岩松鼠
隐纹花松鼠个头较小，体长约 13 厘米。背部有 3 条黑色条纹，脸上也有一条白色条纹至耳根处，两耳尖端有白毛，很容易把它们和其他松鼠区分开来。	北松鼠个头比较大，体长约 26 厘米。背部、头部颜色为灰黑色，腹部白色，耳朵顶端的毛簇是最明显的识别特征。它们喜欢在针叶林里活动，北京的油松林是它们喜欢的环境。	岩松鼠是中国特有种，体长约 21 厘米。全身灰色，眼睛四周有明显的“白眼眶”，非常容易识别。它们喜欢在岩石上蹦来蹦去，在岩石缝隙里睡觉和繁殖，在山里裸露的崖壁附近经常能够看到岩松鼠在活动。

忙碌的北松鼠

每次看到松鼠，我总会抬起头，看着树冠上的鸟儿们，希望能寻找到熟悉的黑白色身影——大山雀。对于松鼠来说，大山雀是不折不扣的小偷，它们会蹲在树梢上观察松鼠的藏粮行动，等松鼠离去之后，大摇大摆地飞下来，享受不劳而获的大餐。

很遗憾，这次我没有见到大山雀的身影。对于刚刚这只隐纹花松鼠来说，这又很幸运。

（二）痕迹观察法

距离松鼠粮仓不远的山路中间，一坨便便吸引了我。

野生动物生性机警，多数在夜间活动，在野外直接见到的概率不大，能见到松鼠、雉鸡已是难得。因此便便、蹄印、进食痕迹、遗骸等痕迹，是研究野生动物的重要资料。

在野外看到动物便便，需要研究它的形状、大小，甚至要研究成分以帮助判断动物的食性。

经常在户外行走的“屎学家”们，判断便便的主人有一条基本经验：球形一般是兔形目，椭球形一般是偶蹄目，米粒状是啮齿目，圆柱形通常是食肉目。

这坨便便呈圆柱形，黑色，直径不到一毛硬币粗细，长约 15 厘米，断成 3 节，末端还有一个小尖尖。

从大小和外形判断，这是中小型食肉动物的粪便，其主人的体型和家猫差不多大小。

垫着纸巾掰开便便（在野外不要用手直接接触便便哦），露出了杂乱的动物毛发，仔细观察，里面还有几根鸟类羽毛的羽小支。这暴露了便便主人肉食性和能够捕鸟的技能。在北京山林里能够符合这些特征的动物，大概率就是豹猫了。

豹猫体型和家猫相仿，但更加纤细，腿更长。两条明显的黑色条纹从眼角内侧一直延伸到耳基部。

胖乎乎的豹猫

豹猫路过

豹猫正面照

随着栖息地被破坏、碎片化以及其他人类活动，豺狼虎豹等大型顶级食肉动物在北京野外基本绝迹，豹猫就成了山林中最大的陆地捕食者，在很多地方被视为生态系统的底线。如果在一个生态环境里有豹猫，就说明这里有野鸡、鼠类、兔类、松鼠等动物来维系着顶级食肉动物的生存，这些种群维持着一个完整的生态链。

也难怪花鼠一听到声音就逃跑，原来有豹猫这种天敌在山林中巡视。

随着探索区域的不断深入，步道已经消失，我们进入了真正的深山老林。华北落叶松、油松、白桦三个优势物种撑起了绿色空间，组成了针阔混交林，荆条、绣线菊、小檗、照山白等灌木填补了林下空间，薹草、铁线莲、狼尾花、柴胡等草本植物占领地面。时不时出现的倒木为甲虫提供了乐园。

探索过程中，一位伙伴又发现了新痕迹——一枚新鲜的足印。这个足印长约 3 厘米，分两半，内弧外直，尖端内弯，是典型的偶蹄类动物。这么新鲜的痕迹着实刺激到了大家，大家开始在附近展开地毯式搜索。最后我们又找到了一堆椭球形的新鲜粪便，一棵小树距地面约 60 厘米高处的擦痕，以及另外一枚因路滑产生的细长足印。

还有一位伙伴甚至发现了一节骨头，从大小看，很有可能是狍子或中华斑羚的腿骨，之后我们又陆续在附近发现了肋骨、脊柱、

下颌骨。答案最终在头骨出现的时候揭晓——这是一只狍子的遗骸！犄角根部的角桩就是最好的证明，中华斑羚不会定期更换犄角，角的形状也与狍子不同。

狍子是食草的鹿科动物，体型较大，新陈代谢率高，消化快，需要频繁进食保持能量供应。它们喜欢在不同类型的落叶林和针阔混交林中生活。尾根下的白毛，受到惊吓时就会炸开，变成白屁股。雄性狍子也会长出鹿角，通常分三个叉，每年更换一次，每当犄角不舒服了或换角的时候，就会在树干上蹭。为了抵御冬季的寒风和低温，狍子会用蹄子把地上的积雪刨开，打造出一片裸露的卧息地，这个独特的习性或许就是“狍子”之名的本意。

（三）红外相机拍摄法

斋堂山自然观察的任务之一，是要架设几台红外相机，监测这里的野生动物。红外相机拍摄是直接观察、痕迹观察之外，另外一种较常使用的科学考察和生物监测手段。

早上没睡醒的你（雄狍子）

震惊的狍子

积雪与狍

红外相机架设地点通常会选在山脊或山谷交汇的动物痕迹多的区域，最好是在兽道（动物走出来的路）的交汇处。相机尽量朝北，并清理镜头视野内的灌木和草本植物，减少光照和草木晃动造成相机误启动。

红外相机架设完毕后，需要定期维护，如更换电池、存储卡。收集回来的照片和视频还要经过筛选、定种。在本底调查中，兽类被红外相机拍到是证明其存在的最直接证据。

随着对生物多样性的重视，北京很多保护地开展了动物检测，布置了大量红外相机。请大家看看在斋堂山布置的红外相机都拍到了哪些动物吧。

希望北京能够恢复更完整、多样的生态系统，也希望更多生活在北京的人们能认识、关注这些精灵。

图片来源：山水自然保护中心摄于京西林场公益保护地

自然笔记大家说

自然笔记五个难点问题

◎ 陈红岩

自然笔记，是我们认知自然、记录自然、传递环保与自然精神的载体。广义的自然笔记，包括一切用文字、绘画、摄影、声音、影像、身体感知、科普实验等方式所进行的自然记录和表达。狭义的自然笔记，主要指用绘画与文字相结合的方式进行自然记录与表达。无论是哪种方式，都涵盖着很重要的一项基本的科学能力——观察。《义务教育小学科学课程标准》（2017 年版）第二部分总体目标明确："小学科学课程的总目标是培养学生的科学素养……保持和发展对自然的好奇心和探究热情。"自然笔记可以说是一种较为完美的培养孩子观察能力，提高孩子学习能力，激发孩子探究精神的活动形式。但制作一份创意独特、科学精美的自然笔记并不容易，需要我们把实践、知识、绘画、创意、文字乃至艺术设计思想熔于一炉，良好地杂糅在一起，则具有一定的困难。结合历年自然笔记作品分析，主要汇聚出五个需要解决的难点，只要我们逐一解决，就能顺利制作出满意的自然笔记。

难题一

怎样获得独特的创意？

每份获奖作品都有一个令人眼前一亮的创意。需要我们在平凡的生活中，发现能和心灵产生共鸣的创意。这份来源于生活的真实感受也需要投入精力。首先，亲自动手进行大量实践。只要你真的去做了具体工作，哪怕是播下几粒种子，呵护它们成长开花；或者去认真调查社区花园里的昆虫，趴在地上，仔细梳理一片不起眼的草地——奇妙大自然都绝对不会让你失望，一定会有数不清的困难、惊喜、意外向你扑面而来，把这些记录下来，进行分析，就是最独特的创意。世界上没有两枚相同的树叶，就更不会有两片同样的树林，亲自走进自然去观察体会，你就能发现随处都有非凡的创意。第二，围绕一个主题，进行现象归纳与研究。亲自实践是"获得"创意的方法，归纳总结则是"强化"创意的方法。比如，我们发现：小区内的合欢树叶夜晚会闭合"睡觉"，我们可以由此进行拓展：还有哪些植物有"睡觉"的习性，由此列举出含羞草、睡莲等，在此基础上进行归纳总结：它们之间的共同点在哪儿？区别之处又在哪儿？然后以发现爱睡觉的植物为主题，制作自己的研究型自然笔记，这样就能增强我们的创意。

难题二

怎样增加自己作品的科学性？

理解观察是人们认识世界、增长知识的主要方式，观察能力是一项基本的科学能力。许多低年级小作者，还没有接触植物学、动物学、生态学知识，怎样增加作品的科学性呢？有两个简单的方法：第一，拉长我们的观察周期，让观察更加细致。很多作者观察牵牛花，只用一两天，就结合背景资料去绘画写作。而有的同学，观察了一株牵牛花几个月，从初春到晚秋，竟然发现了许多科学家也惊奇的现象：（1）牵牛花每天都与其他植物激烈战斗，与另一种攀援植物相互绞杀；（2）牵牛花逐渐与一个蚂蚁部落达成了同盟，蚂蚁帮助它清理蚜虫，它则为蚂蚁提供了一条“秘密通道”，侵袭了另一窝蚂蚁；（3）植物也有自己的地盘，这株牵牛花想进入爬山虎的地盘，很快就收到警告，那个方向的茎秆就不再生长了——这些令植物学家也赞叹不已的科学发现，只需要我们长期认真观察就能获得，而且比书本上的知识珍贵许多。第二，记录数据。观察目标时，我们要随时将感性认知转化为科学数据。比如我们发现一片树叶超级大，那么就要实地测量它的直径或长宽，再测量周围几片树叶，得出平均值，这能迅速提高我们的科学性。再比如，我们播种后，要随时记录每天的发芽数，再计算总体的发芽率。每天，如果能测量每棵幼苗的高度，就能计算出它每天生长的高度，这个数据就极大提高我们作品的科学性。此外，还有一个小小的细节：野外考察时，要先记录具体时间、地点、气温、天气情况，这些都是很有用的数据。

难题三

如何高效观察自然，在观察自然中找到有价值的、独特的点？

我们走入花园树林，常常一无所获，这是为什么呢？因为我们没有使用科学的观察法，其重点有以下两点：第一，要进行全面观察。比如我们观察一片荷花，不仅要观察它的叶、花，还要观察它生长的环境：周围的伴生水草、浮萍，到处飞舞的昆虫，并且发现它们彼此之间的关系，这样科学全面的观察，每次都能让你满载而归。第二，观察不仅要用眼睛，在保证安全的情况下，要用耳朵听、鼻子闻、用手触摸，获得丰富全面的感官信息，这样就能获得许多奇妙的细节。比如一朵看似光滑的百合花，我们真的用手一摸，才会发现花瓣基部很粗糙甚至扎手，植物为什么会有这样的结构呢？沿着这条思路走下去，一篇优秀的自然笔记就诞生了。

难题四

怎样让你的自然笔记生动具体？

真实的实践和感悟，是最好的记录。有的作者把自然笔记写成了流水账，有的又过于简单，觉得无话可说。怎样把自然观察经历展示得生动具体呢？只要记住一点：围绕实践中遇到的困难与解决方法创作。比如一位作者播种含羞草，第一步就遇到了问题：种子太细小了，覆土必须薄，但一浇水种子就被冲得七零八落了。怎样解决呢？开始只能一点点用指缝洒水。后来研究出一个更好的方法：把花盆放入水中浸泡，利用毛细管原理吸水，即所谓“浸盆法”。作者把这些困难与解决方法写出来，自然笔记立刻就具体又生动起来了。

难题五

怎样做好图文结合？

有时候，即便有出色的绘画技术，版面设计也不成功，根源在于没有做好图文结合。“图文结合”的关键在于以下两点：第一，整篇自然笔记作品，要设计一条明确的“主轴线”。这条线可以是时间线、可以是探索路线，也可以是一棵大树自下而上的位置线——所有文字与绘画，要疏密有致地排列在这条线上，这样绘画与文字才不会乱糟糟地拥挤在一起，而是彼此有机集合，一步步释放信息。第二，尽量把信息标注在图片上。比如一棵树叶片的长度、果实的直径，如果用枯燥的文字书写，则阅读性较差。如果绘制图片，再用连线、框线等方式，直接将数据标注在相关图像上，则既一目了然，又做到了图文结合，版式也简洁大方。

在西藏 16 年，采集种子 4 万多粒的钟扬教授曾说过“一个基因可以拯救一个国家，一粒种子可以造福万千苍生”。地球上已描述的生物约 150 万种，每一个生命个体都有自身独特的魅力。原生物种的丰富多彩，杂交物种的多彩多姿，只要我们用心观察，总会在自然中被某一生物、某一瞬间所感动，以自然笔记的方式，推开科学探究的大门，与自然的连接更加紧密。

从 2020 年 7 月第一次听说自然笔记，到今天为止，已经度过了两年的时间。

这两年我从一个对自然笔记一无所知的“门外汉”，到如今能够随时拿起笔和纸，一头扎到自然中开始记录并享受这一过程。这两年，是自然笔记教会了我什么才是真正的观察，也是它带给了我在繁忙工作的间隙让身心松口气的惬意，更是它让我体会到了大自然并不是默不作声地存在于我们的周围，而是，你只要掌握了方法，自然便会与你亲密对话。

这两年，我不仅变成了一个定期记录的自然笔记爱好者，也变成了一个可以带领学生活动的辅导者，还成为了能够指导教师开展自然笔记活动的培训者。

——王鹏

成为一名小学教师后，我逐渐发现，现在的孩子们，特别是生活在城市中的孩子们，接触大自然的机会越来越少，进而难以对自然产生真正的认识和感悟。因此，为学生提供真正走进自然的机会，引导他们观察自然、感悟自然，具有十分重要的教育意义。

人类的很多知识，特别是自然科学知识，都是来自对大自然的观察。深入自然的体验式学习，更能促进学生核心素养发展。“爱绿一起·自然笔记”活动，就是特别好的体验式学习方式。特别感谢首都绿化委员会办公室以及各承办、协办单位，组织了这么好的活动，给孩子们提供了学习的机会和展示自己的平台。让孩子们可以亲近大自然、感受自然的魅力，在自然中不断成长。作为小学教师，组织学生参加活动的时候，通过指导孩子们对大自然的观察、研究、探索，引导他们发现和思考，激发学生对生命、对自然的感悟，促使学生情感的升华，树立正确的世界观、人生观和价值观。

——刘春燕

新鲜的空气，潺潺的流水，绵延的群山，生生不息的自然万物……置身大自然，孩子可以动用所有的感觉器官去看、听、闻、尝，去触摸。大自然是最好的课堂，有可爱的玩伴、有多样的礼物……这一切都令孩子们充满惊喜且完全忘乎所以……

如果能在一朵花前多停留一段时间，如果能在一棵树下多坐上一会儿，如果能在山涧静静地感受……我相信，孩子们会从中有更多的发现，有更多问题提出来。如果再多些时间，孩子们的收获还将更多。那就是，把观察、发现和感悟到的都记录下来，用记笔记的方式走进自然，将进一步加深孩子对自然的认识。近几年，孩子们通过参加自然笔记的活动，学习记录自然现象，感悟自然变化，从而认识自然、感悟生命。

——何燕玲

细致的观察是绘制自然笔记的基础，科学与艺术的结合是自然笔记的灵魂。做自然笔记不是照着照片画，也不是照着模型去画，而是要学生真正地走出教室，走进大自然中去真实地观察和体验。在这个过程中，学生带着兴趣，带着感官，在大自然里发现美、感受美、展现美。

对科学教育来说，自然笔记是书本与实践的结合，是科学探究的起点，有助于提高学生的观察能力和培养记录习惯；同时，自然笔记也是孩子们了解自然、了解科学的重要窗口，是发现生物与生物之间、人与环境之间关系的途径，让学生学会尊重自然、爱护自然，从而懂得热爱生活、珍惜生命。

——吕萌

自然笔记，贴近生活，亲近自然，热爱生命。引领学生探访自然，一棵树，一株草，一朵花，一只虫……映像和大自然的相遇，记录大自然事物，用日记的方式记录大自然最真实的模样，用图画和文字描绘自然界里印象深刻的植物、动物、天气，探寻环境与生物的神奇关系，讲述在大自然中发生的难忘故事，写下一切值得回忆的奇妙感受和体会，用眼睛和心灵去感受生命。

我和孩子们一起沉浸其中，在大自然里玩耍，爱上大自然的一切，进而萌生保护大自然的潜意识，生命影响生命。

——周宏丽

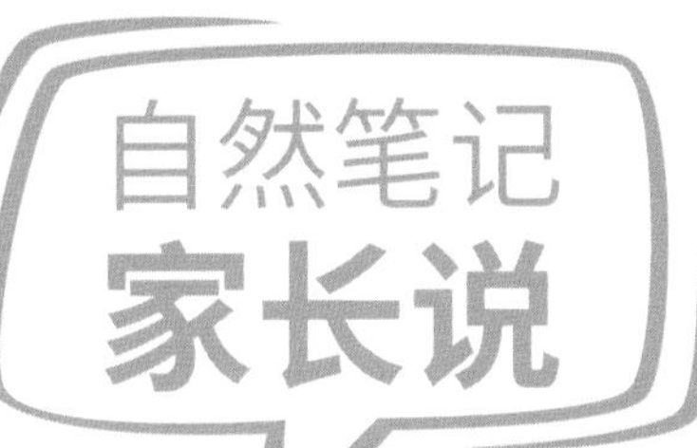

每个孩子都有与生俱来的对大自然的热爱之情，创作自然笔记是书写大自然的一种方式，这个过程不仅让孩子感受到生命的美好，懂得了要热爱生命、保护环境。同时也提升了孩子观察、探索、思考的能力，激发了孩子探究科学的兴趣。带孩子走进大自然，从中体会自然的美好，感受自然的奇特，然后用自然笔记记录下大自然的美好，我相信，这些将成为孩子成长过程中的一份宝贵财富。

——蔡依桐家长

我觉得首都绿化委员会办公室主办的自然笔记活动非常有意义。它引导孩子们走进大自然，用自己的眼睛去发现、记录生活，培养了他们的观察的耐心和探索的毅力，同时启迪孩子通过各种渠道了解更多关于自然科学的知识，为他们提供了很好的展示平台。希望孩子们能有更多的机会参与这样的活动。

——徐彦博家长

假如夜晚家里飞来一些小昆虫，一般人会怎么做呢，很可能会想方设法把它们撵走。而热爱自然的孩子，是绝对不会这么做的，因为他们喜欢夜晚来家里做客的小昆虫，可能为熄灯后它们的出走而产生淡淡伤感。

用眼观察，用心体验，用绘画和书写记录自然里的各种生灵，不管它们是稀有的还是平凡日常的，而经由记录与自然万物相亲相近，正是创作自然笔记的意义。山花野草，飞禽走兽，大自然中每个生命的存在都是丰富而细腻的，从不同的角度观察它们，就会有不同的收获。即使最常见的生命体，也蕴藏着许多不为人知的秘密，用自然笔记的方式去探究这些秘密，记录不仅异常精彩，还有重要的科学价值。

爱自然、善待自然不是一句口号，可以从实际行动做起。善待自然，善待我们的家园，即使是一点微光，也有召唤人心的力量。

——李奕辰家长

“人是大自然中走出来的。效法自然，回归自然，是教育的一种大智慧。”在城市中长大的孩子，确实少了些自然的“野趣”，多了份学习的“焦虑”。在“双减”背景下，记录“自然笔记”无疑引导着孩子们抬起头来，望向远方，走进大自然。孩子自从参与了这个活动，就在活动的倡议下进行了多样的观察，同时，在外出游览的时候又更加主动地进行观察和记录。跟踪观察，查找资料，深入了解，在这个过程中她对大自然充满了探究的获得感，体验发现的快乐，享受记录后的成就感。这样的活动是孩子获得智慧的源泉，是热爱生活的无形教育。

——王紫萱家长

非常认可自然笔记这种活动形式，首先，引导孩子亲近自然，通过兴趣观察培养孩子热爱自然、保护环境的意识；其次，帮助孩子掌握一种自我学习和认知的方法，使她从发现新知的兴奋中感悟自我学习的乐趣；另外，在观察过程中家长也潜移默化给孩子灌输了价值观：羽化成蝶，常用来比喻通过艰苦努力，从量到质的蜕变过程，只有努力去做，才能遇见更好的自己，与孩子共勉。

——金睦苒家长

自然笔记，是帮助孩子亲近自然、了解自然的一种非常好的方法。可以从不同角度激发孩子探索大自然的兴趣，以孩子的视角去观察、探寻，发现大自然的独特之处，感受大自然独一无二的魅力。使孩子从小养成仔细观察、严谨思考的态度，有助于培养孩子观察能力、思考能力以及感知世界的能力，激起孩子对生活发自内心的热爱与尊重。

在陪伴孩子观察的过程中，我们家长也可以做个童心未泯的大人，做大自然的观察者。用心感悟自然，使我们更加懂得爱惜我们生活的这片土地。

——孟想家长

生活在车水马龙的城市里，孩子们早已习惯于奔波在学校与各种兴趣班的快节奏中，走出教室，回归自然似乎已经成为一件奢侈的事情。但是，大自然是孩子的第一任老师，自然教育也同样可以培养孩子的实践探索能力。可以通过亲近大自然，主动去发现问题、探索问题、解决问题。千变万化的大自然就像一本百宝书，吸引着孩子不断去探索。

自然笔记就像是一个工具，指引着我们停下脚步，记录身边的美好。作为家长，我们需要做的就是陪伴孩子一起，让生活慢下来，学会放手，让孩子回归自然，充分体验和感受自然的魅力，拥抱大自然。

——徐紫珺家长

在活动中孩子能够走进大自然细心地观察身边的植物和动物，用他不娴熟的绘画技术，把看到的小动物和植物记录下来。我家的孩子，在完成绘画的过程中，首先查阅了大量的课外书籍，仔细了解他所要绘画的蝴蝶的介绍，然后进行底稿的绘画、上色，最后再把介绍内容写在蝴蝶的周围。看到孩子认真地去做一件事情，我很欣慰，也为他取得的成绩感到骄傲。以后我们和孩子要多在课余时间走出家门，走进大自然，感受大自然，热爱大自然。

——许方亮家长

绿水青山就是金山银山，大自然是人类生活的环境，也赋予人类无尽的物质资源和精神乐趣。从小成长在城市中的孩子往往缺少对自然的观察和感受。自然观察笔记活动为孩子们打开了走进自然的大门。家长与孩子一同亲近自然，观察自然，探索自然，让

孩子将观察到的现象准确记录下来，结合自己的思考，寻找问题的答案，既加深了对自然的认识，锻炼动手动脑的能力，也逐渐培养起做自然观察笔记的习惯。通过参加这次活动，家长和孩子之间也更进一步加深了感情。

——曹书凡家长

在这份自然笔记里，我们看到了孩子向往自然、渴望学习的积极心态。让小朋友从身边的环境中自我学习，细心观察、独立思考，是一件有意思又有意义的事情。

自然笔记更是一项融观察、学习、实践于一体的活动。有了真实体验，亲眼看到花开叶落、亲耳听到蛙叫蝉鸣，小朋友对事物的认识具体而直接；有了自身体会，风霜雨雪落在肩上、暑热秋凉记于心间，小朋友对自然规律的感受更加深刻；让小朋友自己动手，培养小朋友学会围绕一个目标长期坚持，锻炼她构想设计、绘画表达的能力。这些都是她本人的巨大收获。

作为家长，能够陪着孩子共同完成，与孩子一起思考一起欢笑，陪着孩子一同成长，也是我们一家美好的收获！

——喻文棠家长

地球生态环境建设，离不开对各类自然物种的保护和培养，也是实现人类和自然物种和谐共生的前提条件。自然笔记鼓励学生写自己对自然物种的所见所闻，鼓励学生深入野外观察，认识并了解它们的特性，从而发自内心地热爱、保护它们，从小树立自然保护意识。此类活动的开展意义深远而重大。保护环境、保护自然就是保护人类自己。保护环境，人人有责！

——傅歆焱家长

非常感谢这次参与自然笔记活动。通过陪伴孩子完成此项活动，增长了有关大自然方面的知识，了解了许多稀有植物的生活习性，激发了孩子的求知欲望，同时增进了亲子合作关系。自然笔记作为自然教育的一种形式，在孩子和家长的心中种下了保护生态的绿色种子，是一项极富有深远意义的活动。

——陈彦如家长

观察力是第一学习力，是人类智慧的重要基础，是思维的起点。观察生活，在观察中感受、联想可以培养思维能力，养成认真观察、仔细观察、善于观察的好习惯，对孩子学习能力的提高起到很大的帮助作用。这种细致有效的观察力，能够让他们在以后的工作中获益匪浅。自然笔记可以激发学生的观察兴趣，让孩子接触大自然、热爱大自然。在观察中学习，在学习中观察。

——廖淇民家长

自然笔记
学生说

在做自然笔记的过程中，我感到很快乐，从查资料、画画，到记录，都有一种得到新知识的喜悦。大自然里的这些动植物需要你一点一点地去观察和探索，用心去感受大自然的奇妙。同时我也了解到每天都有一些物种在灭绝，所以我们要爱护环境，爱护动植物，保留住现在的动植物。

徐彦博

通过这次自然观察和记录，我感受到每种植物都有自己生长的规律和独特的构造，我们应该勤于观察、认真记录，不断探索神奇的大自然。

通过绘制自然笔记，我学到了很多昆虫的知识，同时提高了我的绘画技巧。自然笔记活动带我们走进大自然，让我们认真地观察和记录大自然。我非常喜欢自然笔记这个活动，以后还会参加这样的活动。

于依琳

我喜欢画画，喜欢用手中的画笔记录美好的生活。走入大自然，记录大自然，自然笔记让我与家人共享欢乐时光的同时，也开阔了我的眼界，锻炼了我坚强的意志，并且更加领悟了人生的真谛！

我爱大自然，我爱自然笔记，我更爱属于我的人生！

孟想

我喜欢观察大自然。我观察过美丽的银杏叶从树上飘下，像下了一场金黄色的叶片雨；我观察过喜鹊吃树上的海棠果、鸽子叼着树枝在树上搭窝、湖里的鸭子和小鱼抢吃的；我还观察过搬家的工蚁、会飞的羽蚁，这些都让我觉得大自然真是又神奇又有趣，充满未知并且生机勃勃。

我愿意用自己的眼睛发现这些秘密，用我的笔记录下这些神奇的事物。希望越来越多的同学喜欢上记录自然笔记，做大自然的观察者和守护者。

徐紫珺

这是第一次参加自然笔记的活动，通过创作自然笔记，我学会了如何去观察、探索、体验、归纳总结并真实地记录下来。在这个过程中，为了验证自然中的新发现，我会认真地观察比对，会反复地去尝试，会翻阅很多书，无论是探索的过程还是通过观察得出的结论，对我来说都是宝贵的财富。

曹书凡

我发现，运用自然笔记的形式去观察大自然，会让我们在观察时更加细心，更加主动地思考和提出更多的问题，促进我们想办法及时寻找问题的答案，从而学到更多的知识，了解神奇的大自然。此外，做笔记的过程，既可以复习我的观察与思考，还锻炼我画图的能力和文字的组织能力，因为真实准确的记录很重要。以后，我还要经常观察大自然，有更多的发现和收获，把他们都记录下来。

廖淇民

在学校里学习文化知识，在生活中学习人生经验，在自然中领悟生命的真谛。用身体和心灵去亲近自然、感受自然。在观察中看到新鲜事物，从而提出一个个新奇的问题，并通过认真观察，寻求解答，可以促进我们的好奇心和求知欲、增长见识、开阔眼界、锻炼意志力、收获知识和快乐！让我们去珍惜自然、敬畏自然。

北京生态礼物

自然观察笔记系列

自然观察笔记
125例
培养板报小能手
中国农业出版社

ZIRAN
GUANCHA BIJI
自然
观察笔记
北京生态礼物：
自然观察笔记系列
用眼观察自然，用心记录自然
权威名师吕植、孙英宝、陈红岩、吴超联袂推荐

第三届
自然
观察
笔记
ZIRAN
GUANCHA
BIJI